ニュートン超図解新書

最強に面白い

宇宙の終わり

はじめに

今から138億年前に誕生したといわれる，私たちの宇宙。この宇宙は，永遠の存在なのでしょうか。科学者によると，宇宙はけっして永遠の存在などではないといいます。宇宙はいつか，終わりをむかえると考えられているのです。

宇宙の終わりについては，さまざまな可能性が考えられています。たとえば，「宇宙がほとんど空っぽになる」「宇宙が1点につぶれる」「宇宙が引き裂かれる」といったものです。そして私たちの宇宙がいったん終わりをむかえたあとで，まったく別の新しい宇宙に生まれかわるという説もあります。いったい宇宙に，何がおきるというのでしょうか。

本書は，宇宙の終わりのさまざまなシナリオを，ゼロから学べる1冊です。“最強に”面白い話題をたくさんそろえましたので，どなたでも楽しく読み進めることができます。最新の科学で考える宇宙の終わりを，どうぞお楽しみください！

ニュートン超図解新書

宇宙の終わり

イントロダクション

1 宇宙の歴史は138億年！
でも，まだはじまったばかり… 14

2 太陽の死，星の時代の終わり，
そして宇宙の終わり… 18

第1章 地球と太陽の死

1 30億年後，灼熱。
太陽の明るさが1.2倍になる… 24

2 39億年後，夜空がギラッギラに輝く… 27

3 60億年後，太陽が膨張開始！
やがて水星と金星が飲まれる… 30

4 82億年後，太陽が再膨張!!
今度は地球も飲まれる… 33

5 ガスがはがれ，
ついに太陽が死をむかえる！… 36

6 将来何になる？
恒星の運命は，質量で決まる… 39

コラム 博士！教えて!!
太陽って，何歳なんですか？… 42

4コマ 恒星の最期と質量の関係… 44

4コマ 星になったチャンドラ… 45

第2章
星の時代の終わり

1 1000億年後，
銀河がどんどん合体して巨大化… 48

2 ほかの天体はどこ？ まったく見えない… 52

3 燃料不足。新しい星が，生まれなくなる… 56

4 10兆年後，
銀河が暗くなり，宇宙は輝きを失う… 59

5 キラ。ときおり，天体たちが光を放つ… 62

コラム 博士！教えて!!
吸いこまれたら，どうなるんですか？… 66

6 10^{20}年後，
銀河中心のブラックホールが巨大化… 68

7 ある理論によると，
将来，陽子が崩壊するらしい… 72

8 ブラックホール以外の天体が，消える… 76

コラム ブラックホールは毛が3本… 80

9 ブラックホールが，小さくなっていく… 82

10 10^{100}年後，
ブラックホールすら消えてしまう… 85

11 原子でできた天体が，
鉄の星になる可能性も… 88

4コマ ブラックホールを示唆… 92

4コマ 戦場から宇宙の謎に挑む… 93

第3章 宇宙の終わりと生まれかわり

1 宇宙の未来を決めるのは，
「ダークエネルギー」… 96

2 謎。ダークエネルギーは，薄まらない！… 99

3 宇宙の未来は不確定。膨張のしかた次第… 102

ビッグフリーズ

4 何も変わらない，時間が意味を失う宇宙… 106

5 ほぼ空っぽ。
素粒子の密度はゼロに近づく… 109

6 トンネル効果で，宇宙が生まれかわる？… 112

コラム 宇宙の約95％は謎… 116

ビッグクランチ

7 膨張が止まり，収縮へ！
ブラックホールだらけに… 118

8 超高温の宇宙がつぶれて，無に帰す… 121

9 つぶれた宇宙が，
はねかえって生まれかわる？… 124

10 宇宙は膜？
膜宇宙どうしが衝突で生まれかわる？… 128

コラム 博士！教えて!!
宇宙って何ですか？… 132

ビッグリップ

11 あらゆる天体が，ちりぢりになる宇宙… 134

12 原子や原子核すらも膨張！
あらゆる構造が引き裂かれる… 138

4コマ ダークエネルギーの名づけ親… 142

4コマ 人畜無害な宇宙物理学者… 143

第4章
宇宙の突然死

1 確率10の数百乗年に1回?
宇宙の真空崩壊… 146

2 何もない空間には,
真空のエネルギーがある… 149

3 現在の宇宙の真空の状態が,
変化するかも… 152

コラム 博士! 教えて!!
なんで真空にするんですか?… 156

4 トンネル効果が, 真空崩壊を引きおこす… 158

5 真の真空の泡が,
加速しながら膨張していく… 161

6 真空崩壊の種? 極小のブラックホール… 164

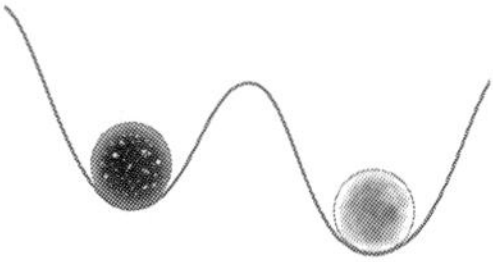

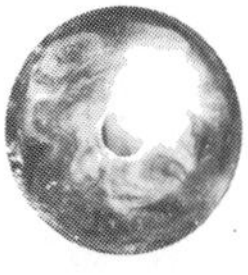

第5章 宇宙の終わりの研究

1 陽子崩壊を検出したい！
ハイパーカミオカンデ… 170

コラム カミオカンデの「ンデ」… 174

2 超新星爆発を観測して，
宇宙の膨張の歴史を調べる… 176

3 宇宙の膨張の歴史の調査に，
銀河の分布を利用… 179

4 銀河の像のゆがみも，
宇宙の膨張の歴史の手がかり… 182

5 無数の銀河を観測中！
日本のすばる望遠鏡… 185

6 未知の粒子の発見で，
宇宙の終わりも変わる… 188

さくいん… 192

宇宙

【本書の主な登場人物】

スブラマニアン・
チャンドラセカール
（1910～1995）
アメリカの天体物理学者。恒星の終焉に関する「チャンドラセカール限界」を提唱した。

中学生

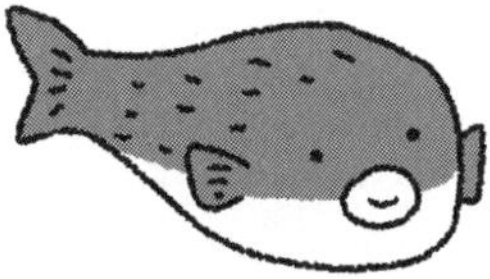

ハリセンボン

イントロダクション

人に一生があるように，私たちの暮らす宇宙にも誕生と終わりがあると考えられています。イントロダクションでは，宇宙のこれまでの歴史と，未来に訪れる終わりについて，簡単に紹介します。

1 宇宙の歴史は138億年！ でも，まだはじまったばかり

誕生したミクロの宇宙は，急膨張をした

地球や太陽系が誕生したのは，今から約46億年前のことです。宇宙が誕生したのはさらに昔で，今から約138億年も前のことです。

宇宙がどのように誕生したのかは，謎です。一説には，空間も時間も存在しない「無」から誕生したとされています。誕生したミクロの宇宙は，「インフレーション」とよばれる急膨張をしたと考えられています。そしてインフレーションが終わると，光と物質が誕生し，宇宙は灼熱の火の玉と化しました。これが「ビッグバン」です。

小さな銀河が，衝突と合体をくりかえした

ビッグバンの後，宇宙はゆるやかな膨張をつづけ，徐々に冷えていきました。この段階では，宇宙に天体とよべるものはなく，ガスだけが存在する世界でした。恒星や銀河が形成されるのは，宇宙誕生から数億年がたったあとのことです。そして，小さな銀河が衝突と合体をくりかえして，大きな銀河になりました。

以上が，宇宙138億年の歴史の概略です。宇宙の終わりは，この138億年が一瞬に思えるほど，遠い遠い将来の話です。

人類が誕生したのは，約20万年前と考えられているが，宇宙のスケールで物事を考えると，20万年など一瞬にすぎないのだ。

1 宇宙の138億年の歴史

宇宙誕生から現在にいたるまでの138億年をイラストにしました。無から誕生した宇宙は，インフレーションとよばれる急激な空間の膨張をしました。インフレーションが終わると，急激な空間の膨張を引きおこしていたエネルギーが物質と光に転化し，宇宙は超高温・超高密度の世界となりました（ビッグバン）。

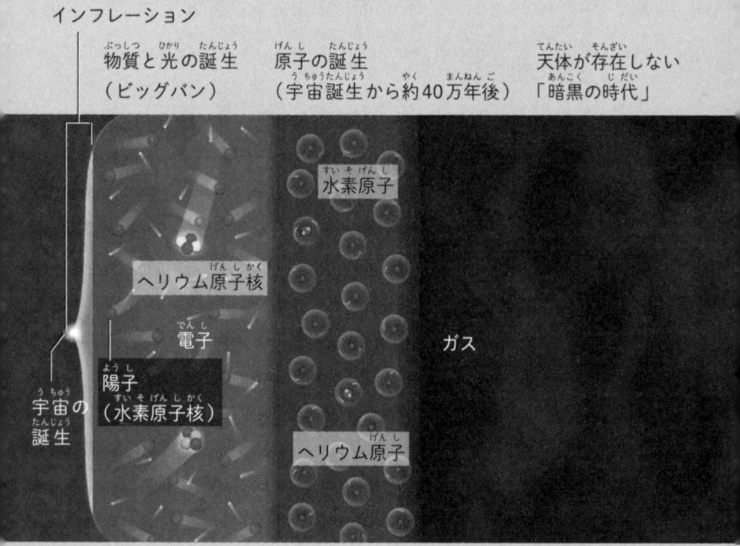
インフレーション
物質と光の誕生
（ビッグバン）
原子の誕生
（宇宙誕生から約40万年後）
天体が存在しない
「暗黒の時代」
水素原子
ヘリウム原子核
電子
陽子
（水素原子核）
宇宙の誕生
ヘリウム原子
ガス

その後も宇宙空間は膨張をつづけ，数億年後には，恒星や小さな銀河が誕生しました。やがて，小さな銀河が衝突・合体をくりかえすことで，現在のような大きな銀河へと成長していきました。

インフレーションは，目の前の地点が光速をこえる速さで遠ざかるような，猛烈な空間の膨張なんだハリ。

恒星と銀河の誕生
（宇宙誕生から数億年後）

現在の宇宙
（宇宙誕生から約138億年後）

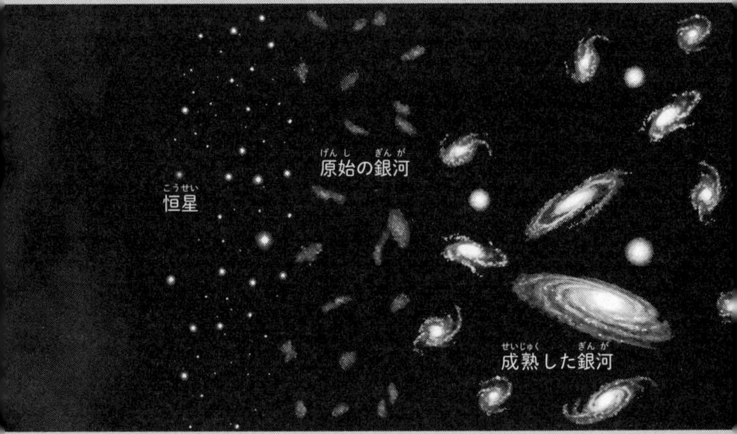
原始の銀河
恒星
成熟した銀河

2 太陽の死，星の時代の終わり，そして宇宙の終わり

太陽は燃えつき，死をむかえる

宇宙の終わりがどういうものなのか，いくつかの例を簡単に紹介しておきましょう。

私たちの太陽系は，永遠の存在ではありません。太陽は将来，どんどん大きくなっていき，惑星たちを飲みこんでいくと考えられているのです。そしてその後，太陽は燃えつき，死をむかえると考えられています。地球と太陽の死は，第1章で紹介します。

宇宙は，ほとんど空っぽになる

宇宙の終わりについては，さまざまな可能性が考えられています。最も可能性の高いシナリオは，「宇宙がほとんど空っぽになり，何の変化もおきないさびしい世界になる」というものです。第1章と第2章の内容は，このような標準的なシナリオに沿ったものです。

しかし宇宙の終わりが，標準的なシナリオどおりになるとは限りません。そしてなんと，私たちのこの宇宙が終わりをむかえたあと，新しい宇宙に生まれかわるという説もあります。

おどろきのシナリオは，第3章以降で紹介します。ぜひお楽しみに！

宇宙が生まれかわるなんて，
まるでマンガの世界ね！

2 太陽の死と，宇宙の終わり

宇宙の未来の例をイラストにしました。第3章以降では，これらのほかにも，さまざまな未来を紹介していきます。

A. 死へと向かう太陽

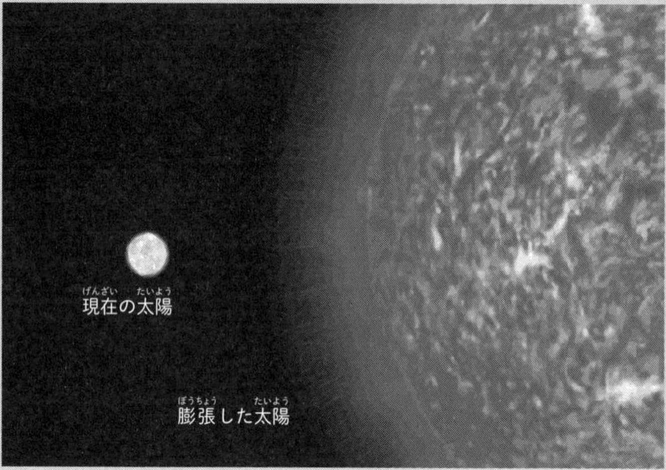
現在の太陽
膨張した太陽

太陽は将来，大きくふくれあがると考えられています。そして最終的に，太陽は死をむかえます。

太陽のような「恒星」から，地球のような「惑星」，さらには「ブラックホール」のような天体まで，あらゆる天体は永遠の存在ではなく，いずれ死をむかえると考えられているのだ。

B. 宇宙の終わり

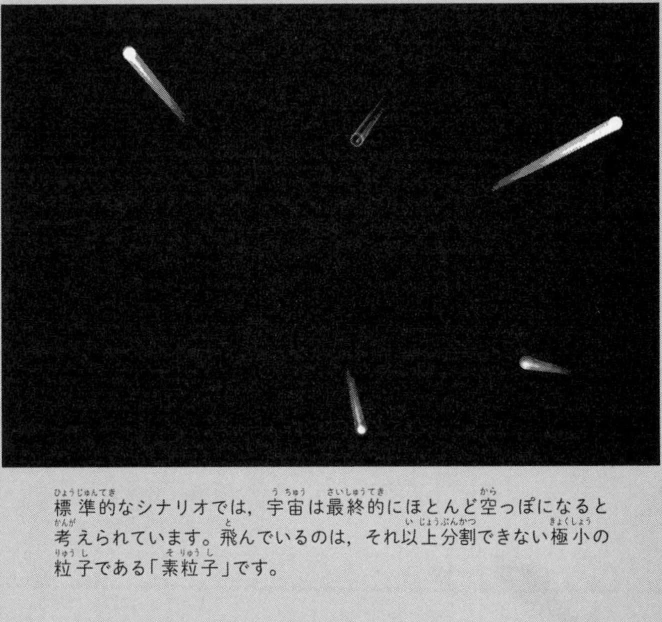

標準的なシナリオでは，宇宙は最終的にほとんど空っぽになると考えられています。飛んでいるのは，それ以上分割できない極小の粒子である「素粒子」です。

第1章

地球と太陽の死

太陽系は，今から約46億年前につくられたと考えられています。46億年もの歴史をもつ地球や太陽にも，いずれ終わりがやってきます。第1章では，地球と太陽の死についてみていきましょう。

1 30億年後，灼熱。太陽の明るさが1.2倍になる

太陽は，ゆっくりと明るくなってきた

今から46億年も前のこと，宇宙空間をただようガスが重力によって集まり，太陽が生まれました。

誕生からしばらくたち，活動が落ち着いたころの太陽は，現在の70%程度の明るさしかなかったと考えられています。46億年をかけて，太陽はゆっくりと明るくなってきたのです。そしてこの増光は，今後もつづいていくと考えられています。**30億年後には現在の1.2倍の明るさに，60億年後にはなんと2倍もの明るさになるとみられています。**

1 30億年後の地球と太陽

30億年後の地球と，空に浮かぶ太陽のイメージをえがきました。現在の1.2倍の明るさの太陽の下に，灼熱の大地が広がっています。

地球は，「死の星」となってしまう

　太陽が次第に明るくなっている原因は，太陽の中心部でおきている「核融合反応」にあります。太陽の中心部は，自らの重力で収縮して，少しずつ温度が上昇しています。そのため，核融合反応の勢いが増して，太陽が明るくなっているのです。

　太陽が明るくなるにつれて，地球の気温はどんどん上昇していきます。いずれ海は完全に干上がってしまい，地球は灼熱の大地と化してしまうでしょう。こうして地球は，生命の死滅した「死の星」となってしまうのです。

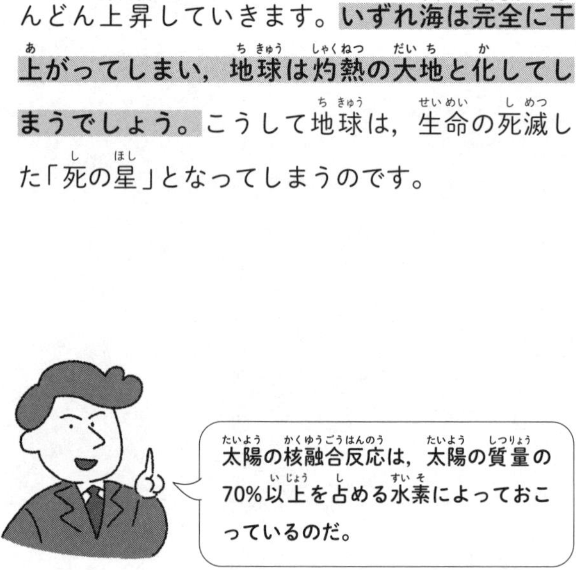
太陽の核融合反応は，太陽の質量の70%以上を占める水素によっておこっているのだ。

2 39億年後，夜空がギラッギラに輝く

二つの銀河は，急速に近づいている

私たちの地球がある「天の川銀河」には数千億個もの恒星が集まり，輝きを放っています。そして，天の川銀河から約250万光年はなれた場所には，さらに多い1兆個もの恒星が輝く「アンドロメダ銀河」があります。

大量の恒星が集まるこれら二つの銀河は，実はたがいの重力によって急速に近づいており，39億年後には大衝突を開始すると考えられています。

100～1000倍のペースで恒星が生まれる

衝突がおきると，銀河内のガスが圧縮されて，大量の恒星が生まれます。現在の天の川銀河では，太陽ほどの質量の恒星が1年に1個程度生まれていると見積もられています。衝突中には，この100～1000倍のペースで恒星が生まれるとされています。

銀河の衝突では，二つの銀河が重なり，通り過ぎたあと，ふたたび引き寄せ合って衝突するという過程をくりかえします。完全に合体して一つの銀河になるまでには，数十億年はかかるといいます。

銀河内の星どうしは，密集地でも3000億キロメートルほどはなれています。銀河が衝突しても，銀河内の星どうしが衝突する可能性は，非常に低いと考えられています。

2 夜空を埋めつくす星々

天の川銀河とアンドロメダ銀河が衝突したときの，地球の夜空をえがきました。夜空は，アンドロメダ銀河の星々や新たに生まれた星々に一面埋めつくされて，非常に明るく見えるでしょう。

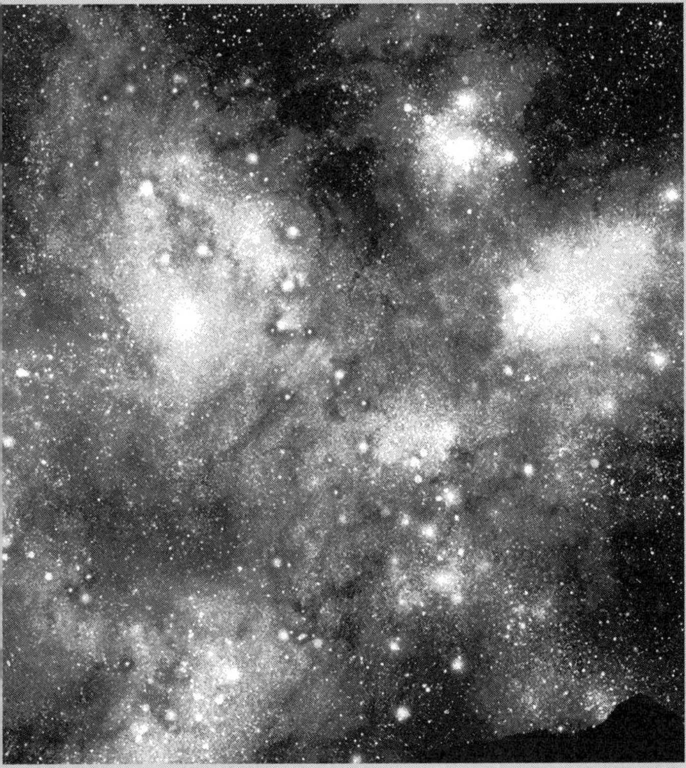

3 60億年後，太陽が膨張開始！やがて水星と金星が飲まれる

水素がつきると，太陽は急激にふくれはじめる

太陽の中心部では，核融合の燃料である水素が，あと60億年ほどでつきてしまうと考えられています。水素がつきると，太陽は急激にふくれはじめます。20億年ほどかけて直径が現在の170倍に膨張し，「赤色巨星」になるのです。

太陽の中心部は，水素が燃えつきると，重力による収縮をガスの圧力でおさえることができなくなり，一気に収縮します。すると中心部の温度が急激に上昇して，今度は中心部の周囲に残っていた水素が核融合反応をおこしはじめます。こうして発生したエネルギーが，さらに外側にあるガスを押し広げて，太陽は大膨張するのです。

3 170倍に膨張した太陽

170倍に膨張した太陽の大きさと，現在の惑星の軌道を比較したイラストです。水星と金星は，太陽に飲みこまれてしまいます。現在の太陽は，直径が140万キロメートルで，表面温度は6000℃です。膨張すると，直径は2億4000万キロメートルに達し，表面温度は3000℃程度まで下がります。表面温度が下がった太陽は，今よりも赤く見えることでしょう。

170倍に
膨張した
太陽
現在の太陽
現在の水星
現在の金星
現在の地球
現在の火星

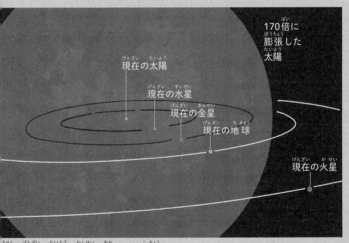

注：現在の太陽や惑星の大きさは誇張してえがいています。

太陽が，地球の軌道のすぐそばまで
せまってきているハリ。

現在の地球の軌道あたりまで，大きくなる

太陽は，膨張にともなって，大量のガスを放出します。そのため太陽の重力は弱くなり，惑星の軌道は現在よりも広がると考えられます。**しかしそれでも，水星と金星は太陽に飲みこまれてしまいます。**水星と金星はやがて崩壊し，蒸発してしまうでしょう。

膨張した太陽は，現在の地球の軌道あたりまで大きくなるとみられています。一方地球の軌道も，それまでに広がっています。この段階で，地球が太陽に飲みこまれるかどうかは，わかっていません。

太陽が膨張すると，地球は太陽の重力の変動の影響を受けて，太陽系外に投げ出される可能性もあるのだ。

4 82億年後，太陽が再膨張!! 今度は地球も飲まれる

現在の10倍程度の大きさにまでもどる

太陽は赤色巨星として大膨張をとげた後，今度は急激な収縮に転じます。太陽全体の収縮がはじまるのは今から80億年ほどあとです。

きっかけは，中心部の温度がおよそ1.5億℃に達し，ヘリウムが核融合反応をおこしはじめることです。ヘリウムの核融合反応がはじまると，太陽の圧力が安定し，膨張が止まります。そして広がっていたガスが重力によってちぢみ，現在の10倍程度の大きさにまでもどるのです。

今度は，現在の200～600倍の大きさに

しかし収縮もつかの間，1～2億年後には，太陽の中心部でヘリウムが燃えつき，太陽はふたたび大膨張をはじめます。今度は，赤色巨星のときよりもさらに大きい，「漸近巨星分枝星」になります。このときの大きさは現在の200倍をこえ，600倍に達する可能性もあるといいます。

この段階では，地球は太陽に飲みこまれてしまうことでしょう。地球が太陽系外に飛ばされていなければ，ついに地球は完全な死をむかえてしまうのです。このときの大膨張は，地球だけでなく，火星をも飲みこんでしまう可能性があるようです。

4 太陽に飲みこまれる地球

太陽が現在の200倍をこえる大きさにまで膨張し，地球を飲みこむようすをえがきました。太陽に飲みこまれた地球は，完全な死をむかえます。

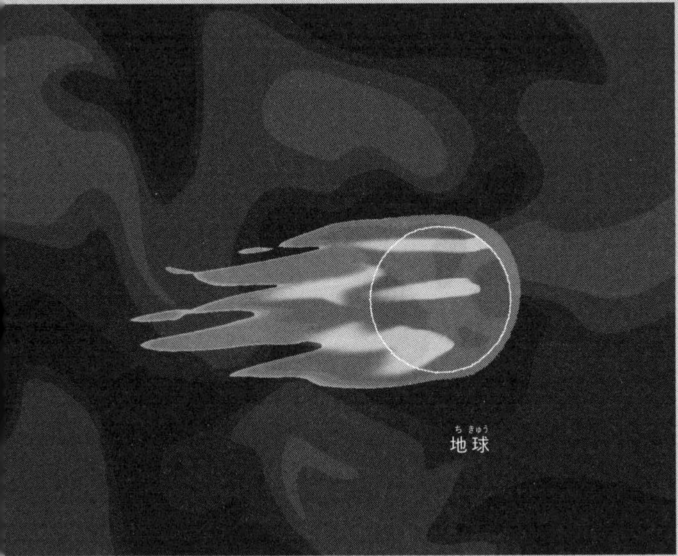
地球

やっぱり地球も，太陽に飲みこまれてしまうのね。

5 ガスがはがれ，ついに太陽が死をむかえる！

最終的に，地球程度の大きさの中心部が残る

漸近巨星分枝星になった太陽は，膨張と収縮を何度もくりかえすと考えられています。するとその過程で，太陽をつくっていたガスが宇宙空間に逃げだし，太陽はどんどん小さくなっていきます。そして最終的には，地球程度の大きさの小さな中心部だけが残されます。残された中心部は，「白色矮星」とよばれる天体です。

白色矮星の表面温度は1万℃をこえ，白く輝くとともに，紫外線を大量に放出します。放たれた紫外線は，周囲のガスを色とりどりに輝かせます。このような天体は，「惑星状星雲」とよばれます。

5 惑星状星雲と白色矮星

晩年の太陽によってつくられる惑星状星雲と，その中心にある白色矮星のイメージです。太陽がつくりだす惑星状星雲が，どのような形で，どんな色で輝くのかはわかっていません。

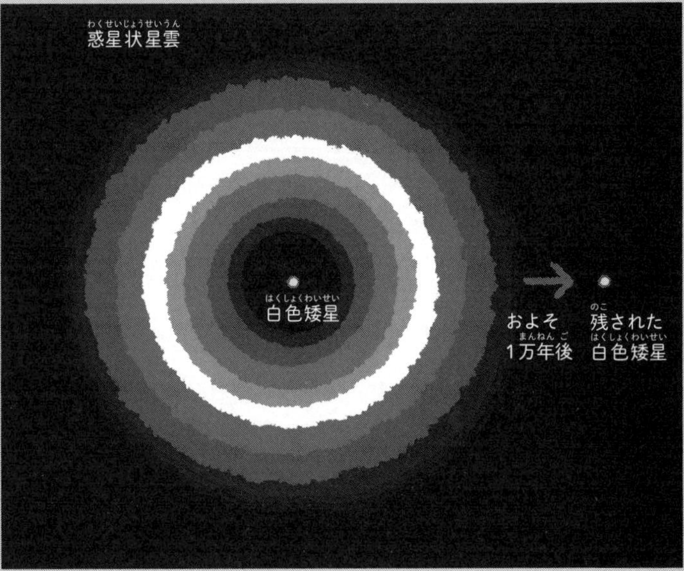
惑星状星雲
白色矮星
およそ1万年後
残された白色矮星

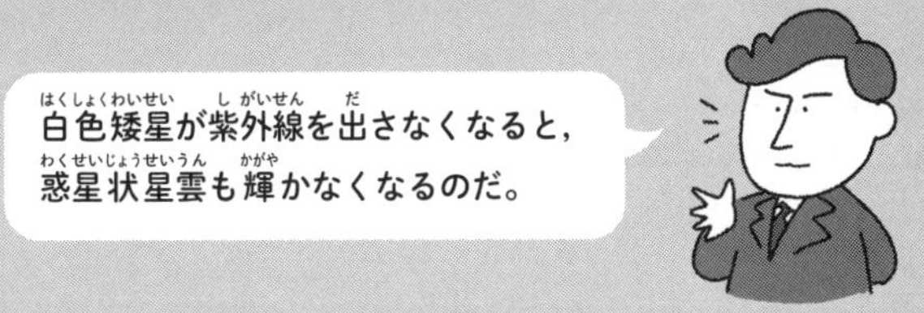
白色矮星が紫外線を出さなくなると，惑星状星雲も輝かなくなるのだ。

白色矮星はゆっくりと冷えていく

惑星状星雲が輝いている期間は，宇宙の歴史から見るとほんの一瞬です。中心にある白色矮星は核融合反応をおこしておらず，余熱で輝いているだけなので，ゆっくりと冷えていきます。すると，紫外線の放出が1万年程度で止まり，惑星状星雲は輝きを失うのです。

残された白色矮星は，あとは冷えていくだけです。**これ以上，目立った変化は基本的におきず，白色矮星になった時点で，太陽は実質的な死に至ったといえます。**そして完全に冷えきってしまうと，輝きを失った星の残骸だけが，宇宙空間にぽつんと残されます。

6 将来何になる？　恒星の運命は，質量で決まる

重い星ほど，短命な一生を送る

恒星の一生を左右する条件は，恒星の「質量」です。質量の大きな恒星ほど，核融合の燃料である水素を多くもちます。また，質量の大きな恒星ほど，中心部が重力で強く圧縮されて高温になり，核融合反応がはげしくおきます。

たとえば，太陽の10倍の質量をもつ恒星は，燃料は太陽の10倍，中心部の温度は太陽の2倍あり，太陽の4700倍の明るさで輝くと計算されています。燃料の消費が速く，寿命は太陽の470分の1の，2000万年ほどだと考えられています。つまり重い恒星ほど，短命な一生を送るのです。

「ブラックホール」になる恒星もある

太陽と同じ一生をたどるのは，太陽の質量の8％～8倍の質量をもつ恒星だけだと考えられています。この質量よりも小さければ，星の中心

6 質量でことなる恒星の一生

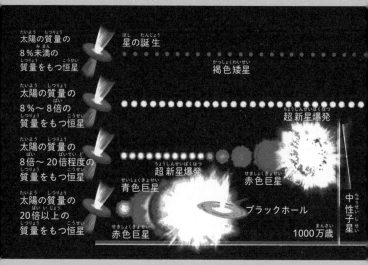

太陽の質量の8％未満の質量をもつ恒星
太陽の質量の8％～8倍の質量をもつ恒星
太陽の質量の8倍～20倍程度の質量をもつ恒星
太陽の質量の20倍以上の質量をもつ恒星
星の誕生
褐色矮星
超新星爆発
赤色巨星
超新星爆発
青色巨星
ブラックホール
赤色巨星
1000万歳
中性子星

注：中性子星は，原子核の構成要素の一つである，「中性子」でできている星です。

部で核融合反応がはじまらず，星は恒星にはなれません。一方，この質量よりも大きければ，恒星の最期は白色矮星ではなく，「中性子星」や「ブラックホール」になると考えられています。

このように恒星の運命は，質量によって決まるのです。

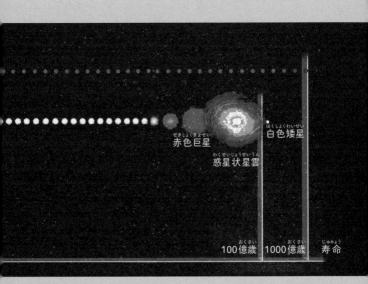

赤色巨星
惑星状星雲
白色矮星
100億歳
1000億歳
寿命

注：ブラックホールは，強い重力によって，光さえも飲みこむ天体です。

博士！教えて!!

太陽って，何歳なんですか？

博士，太陽って何歳なんですか？

ふむ。太陽の年齢は，46億歳と考えられておる。太陽の寿命は109億歳と考えられているから，人間でいうと中年ぐらいじゃな。

へぇ〜。でもなんで年齢がわかるんですか？太陽が生まれるところを，誰か見たんですか？

実はのぉ，太陽と地球は，同じころにできたと考えられているんじゃ。地球の年齢は，岩石の分析などから，46億歳と考えられておる。だから太陽の年齢も，46億歳だと考えられているんじゃ。

へぇ〜。じゃぁ，寿命はどうなんですか？

太陽の燃料である水素ガスが，すべて燃えつきるまでの時間を計算してみたら，109億年だったんじゃ。

へぇ〜。

恒星の最期と質量の関係

今のパキスタン出身でインド南部で育った天体物理学者スブラマニヤン・チャンドラセカール（1910～1995）
幼いころから秀才で教科書は一読すればすべて理解したという
18歳のころのちにノーベル賞を受賞する叔父のラマンに天文学者エディントンの著書『恒星の内部構造』を借りる
最新の天体物理学を知る
19歳でイギリスに留学
天体物理学に関する3冊の本を持って船に乗り込んだ
船上で本を読みながら白色矮星の質量には上限があることを導きだす
恒星の最期が白色矮星にならない場合があることを意味していた

星になったチャンドラ

1935年、イギリス王立天文学協会で のちに 「チャンドラセカール限界」 とよばれる理論を発表
しかし 協会の重鎮だった エディントンに 真っ向から否定される
失意のうちに イギリスをはなれ アメリカで 天文台に勤務
シカゴ大学教授や NASA (アメリカ航空宇宙局)の 研究員もつとめた
やがて チャンドラセカールの 白色矮星の研究は 再評価される
1983年、ノーベル物理学賞 を受賞した
晩年はニュートンの 「プリンキピア」を 一般読者向けに 翻訳することに 力を注いだ
1999年に 打ち上げられた X線観測衛星は 彼にちなんで 「チャンドラ」 と名づけられた

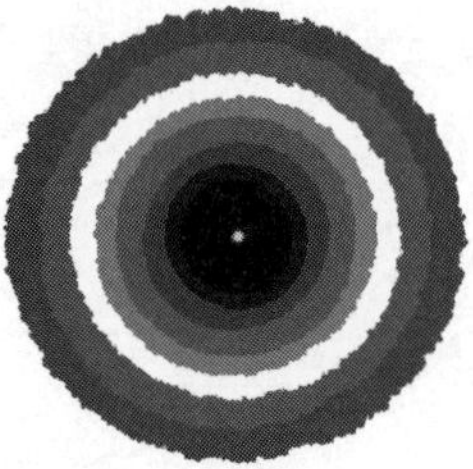

第2章

星の時代の終わり

現在の宇宙には，無数の恒星が輝いています。しかしその輝きは，永遠ではありません。遠い未来には，輝く恒星が消え，宇宙は闇につつまれてしまうと考えられているのです。第2章では，天体の時代の終わりについてみていきましょう。

1 1000億年後，銀河がどんどん合体して巨大化

局所銀河群は，一つの楕円銀河にまとまる

アンドロメダ銀河と天の川銀河は，「局所銀河群」という名前の銀河群に属しています。銀河群は，銀河が数十個集まった集団です。局所銀河群の中で，二つの銀河は圧倒的に大きな銀河です。

二つの銀河は，約39億年後以降，衝突して合体し，一つの巨大な銀河になると考えられています。さらに，局所銀河群に属するほかの数十個の銀河も，巨大な銀河の重力によって引き寄せられて，最終的に一つの楕円銀河にまとまると考えられています。

銀河団は，球状で均一な巨大天体になる

銀河群よりも規模が大きく，天の川銀河ぐらいの大きさの銀河が数十個以上集まった集団は，「銀河団」といいます。さらに，銀河団が数十個集まった集団は，「超銀河団」といいます。

銀河団に属する銀河どうしは，重力によって引き合い，数百億〜1000億年以内に一つにまとまって，球状で均一な巨大天体になると考えられています。

一方，超銀河団に属する銀河団どうしは，重力の効果よりも宇宙の膨張の効果を大きく受けるため，はなれていくと考えられています。

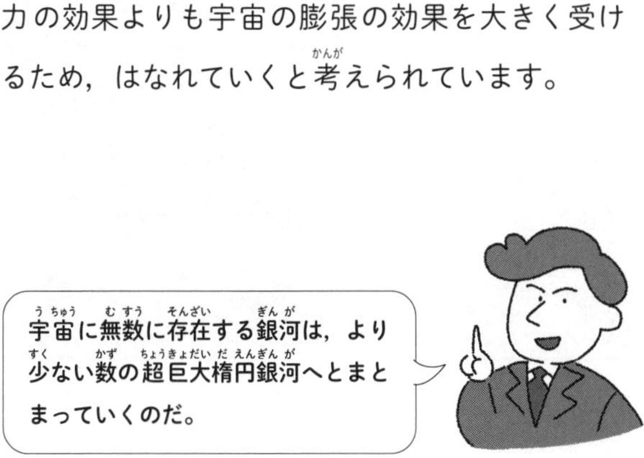
宇宙に無数に存在する銀河は，より少ない数の超巨大楕円銀河へとまとまっていくのだ。

1 銀河が球状の巨大天体に

銀河群や銀河団に属する銀河が，重力によって引き合い，合体し，球状の巨大天体になるようすをえがきました。

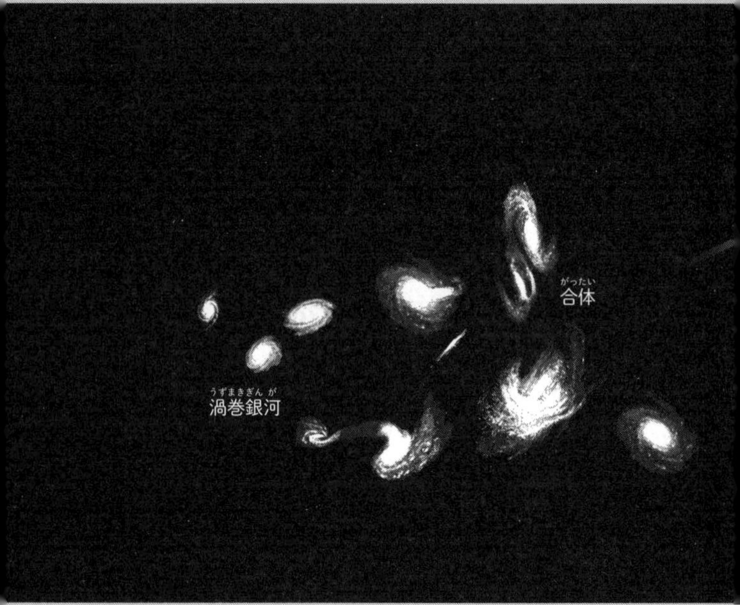
合体
渦巻銀河

数十個程度の銀河の集団は「銀河群」，100個から数千個程度の集団は「銀河団」とよばれるハリ。銀河群の大きさは数百万光年，銀河団の大きさは数百万光年から数千万光年なんだハリ。

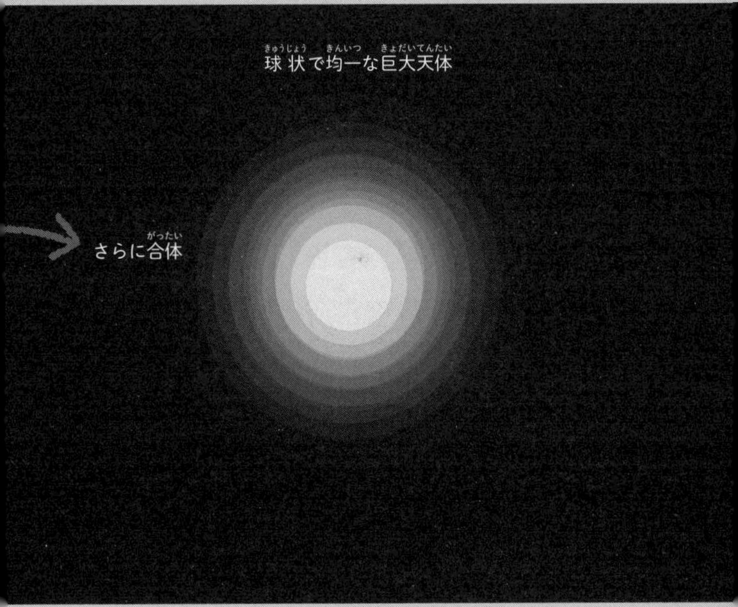
球状で均一な巨大天体
さらに合体

2 ほかの天体はどこ？まったく見えない

球状の巨大天体は，宇宙の中で孤立する

銀河群や銀河団が球状の巨大天体へと成長した1000億年後ごろになると，球状の巨大天体の外は，さびしい世界になってしまいます。観測可能な範囲には，ほかの天体が一つも存在せず，球状の巨大天体は，宇宙の中で孤立してしまうと考えられているのです。

ほかの天体は，消滅してしまうわけではありません。宇宙が膨張しているため，観測可能な範囲の外に遠ざかってしまうのです。観測可能な範囲とは，光が届く範囲です。光の速さは，秒速約30万キロメートルと有限です。そのため，観測可能な範囲も有限なのです。

遠ざかる速さが，どんどん増していく

もし宇宙の膨張速度が今と同じままであれば，1000億年後であろうとも，球状の巨大天体は宇宙の中で孤立することはありません。しかし，宇宙の膨張速度は加速していることがわかっています。そのため，となりにあった球状の巨大天体ですら，遠ざかる速さがどんどん増していき，ついには，観測可能な範囲の外に出てしまうと考えられているのです。

宇宙が膨張していることは，ベルギーの天文学者のジョルジュ・ルメートル（1894～1966）と，アメリカの天文学者のエドウィン・ハッブル（1889～1953）によって明らかにされたんだよ。

2 観測可能な範囲

約1000億年後の宇宙のイメージをえがきました。球状の巨大天体AとBは，それぞれ点線でえがいた範囲の内側しか観測できません。点線でえがいた範囲の光しか，届かないためです。

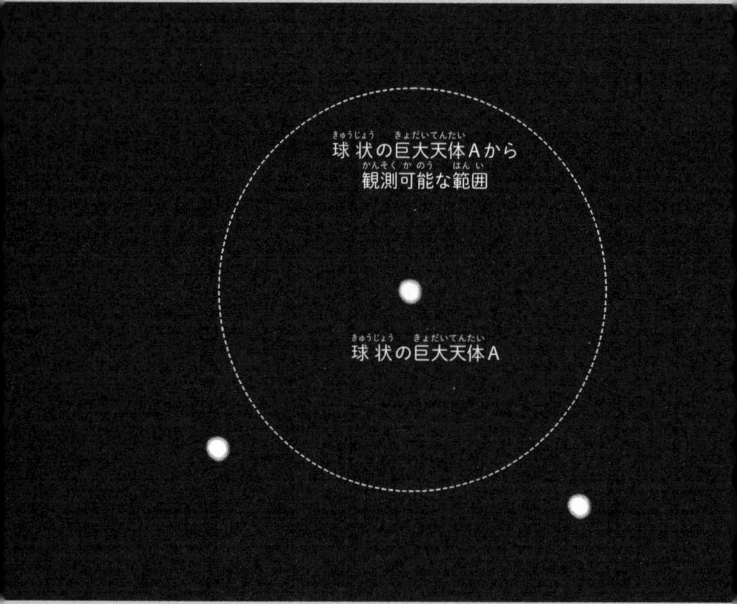

球状の巨大天体Aから
観測可能な範囲
球状の巨大天体A

下のイラストの，巨大天体Ｂから発せられた光の速さ（白い矢印）より，巨大天体Ａに対して巨大天体Ｂが遠ざかる速さ（灰色の矢印）の方が速いため，光は決して巨大天体Ａには届かない。つまり，巨大天体Ｂは巨大天体Ａからは，決して見えないことになるのだ。

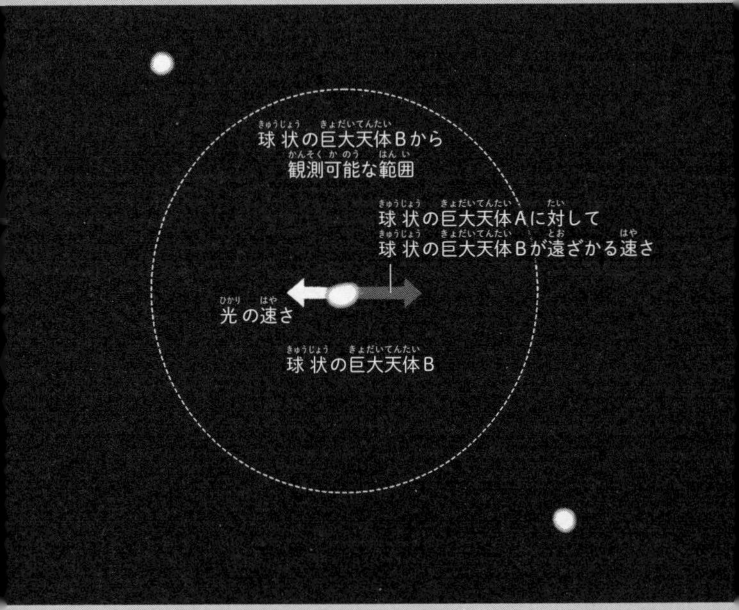
球状の巨大天体Ｂから
観測可能な範囲
球状の巨大天体Ａに対して
球状の巨大天体Ｂが遠ざかる速さ
光の速さ
球状の巨大天体Ｂ

3 燃料不足。新しい星が，生まれなくなる

恒星は，世代交代をくりかえしていく

恒星の死には，大きく分けて「惑星状星雲」をつくるタイプと，「超新星爆発」をおこすタイプがあります。どちらも，恒星を形づくっていたガスのほとんどを，宇宙空間に放出します。そして放出されたガスは，新たに誕生する，次の世代の恒星の材料になります。つまり恒星は，世代交代をくりかえすのです。

私たちの太陽も，宇宙誕生から何世代かを経たあとの恒星だと考えられています。

3 恒星の世代交代

恒星の世代交代のサイクルをえがきました。恒星は最期に「超新星爆発」を起こしたり，「惑星状星雲」をつくりだしたりします。これらの過程で放出されたガスは，やがて「分子雲」として集まり，次の世代の恒星の材料となります

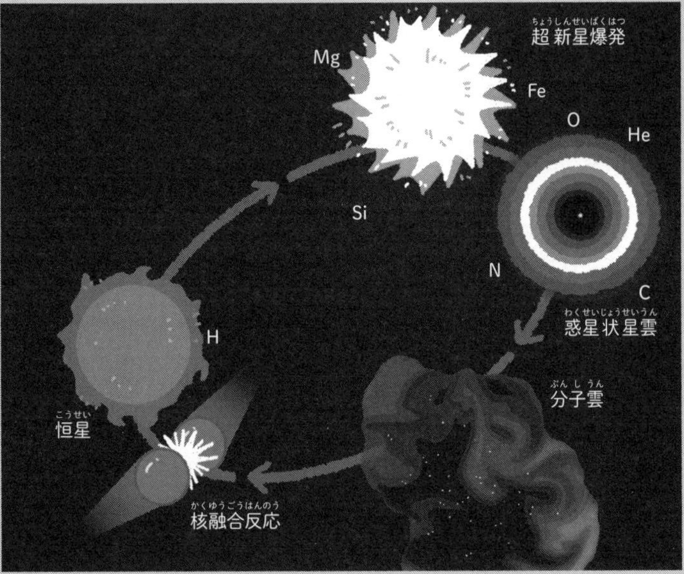
超新星爆発
Mg
Fe
O
He
Si
N
C
惑星状星雲
分子雲
H
恒星
核融合反応

イラスト中のアルファベットは元素記号で，それぞれの過程で放出・形成されたりする元素の一例です。

軽い元素は，しだいに少なくなっていく

しかし，恒星の世代交代は，永遠にはつづきません。恒星の「燃料」が，しだいに宇宙から少なくなっていくからです。

恒星の輝きの源は，恒星の中心部でおきる「核融合反応」です。核融合反応では，水素などの軽い元素から，酸素や炭素，鉄などの重い元素がつくられます。恒星の世代交代がくりかえされると，恒星の燃料となる軽い元素は，しだいに少なくなっていきます。その結果，新たな恒星が生まれにくくなるのです。そして新たな恒星が生まれにくくなった銀河は，徐々に輝きを弱めていきます。

4 10兆年後，銀河が暗くなり，宇宙は輝きを失う

「赤色矮星」が，宇宙で最も長寿命の恒星

恒星は質量が大きいものほど，「燃焼効率」が高いため，寿命が短いことが知られています。太陽の寿命がおよそ100億年であるのに対して，太陽の質量の10倍の質量の恒星は，太陽よりも圧倒的に明るく輝き，わずか3000万年ほどで燃えつきます。

逆にいえば，質量の小さい恒星ほど，長寿命だといえます。太陽の質量の8～50％程度の質量の恒星は，赤くて暗く，「赤色矮星」とよばれています。この赤色矮星が，宇宙で最も長寿命の恒星です。

10兆年程度後には，赤色矮星すら燃えつきる

赤色矮星の寿命は，最長で10兆年にも達すると考えられています。そのため，星の燃料となる軽い元素が銀河内でつきてくると，赤色矮星

4 暗くなっていく巨大天体

最も長寿命である「赤色矮星」が徐々に燃えつき，球状の巨大天体が暗くなっていくイメージをえがきました。すべての赤

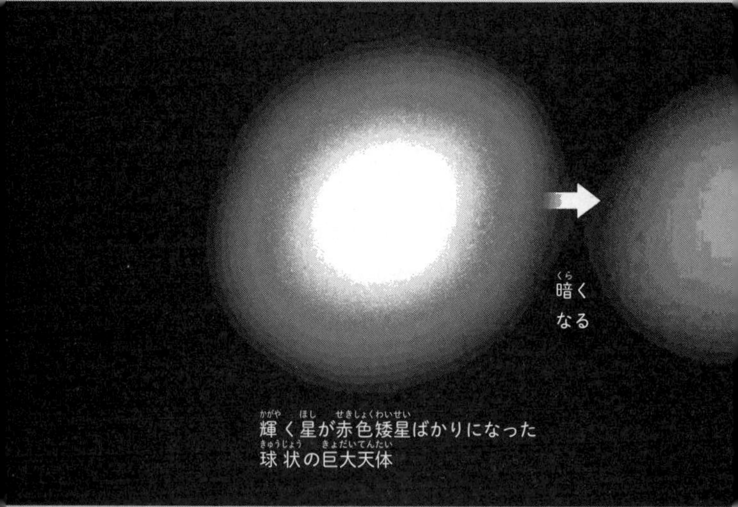
暗くなる
輝く星が赤色矮星ばかりになった球状の巨大天体

が銀河の輝きの大部分をになうようになっていき，銀河はどんどん暗くなっていくことでしょう。

赤色矮星の寿命は，途方もない年月ではあるものの，有限です。そのため10兆年後には，赤色矮星すら燃えつき，銀河や宇宙はほとんど輝きを失ってしまうと考えられます。

色矮星が寿命をむかえると，巨大天体は輝きを失い，宇宙は暗闇に包まれます。

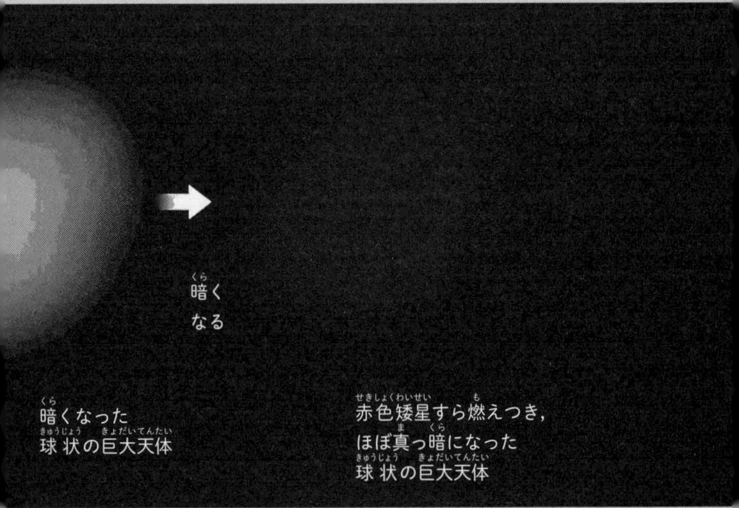
暗くなる
暗くなった
球状の巨大天体
赤色矮星すら燃えつき，
ほぼ真っ暗になった
球状の巨大天体

5 キラ。ときおり，天体たちが光を放つ

ブラックホールや，中性子星などが残っている

輝きを失った宇宙は，完全に真っ暗というわけではありません。ときおり，ブラックホールが天体を飲みこんだり，天体どうしが衝突したりする際に，輝きを放つことがあるからです。

この段階で球状の巨大天体に残っている天体は，ブラックホール，重い恒星のなれの果てである中性子星，軽い恒星のなれの果てである白色矮星が冷えて暗くなった天体，褐色矮星や惑星，衛星，小惑星などです。

飲みこまれる天体が，光を発する

中性子星は，太陽の質量の８～30倍程度の質量の恒星が超新星爆発をおこしたあとにできる，超高密度な天体です。一方，ブラックホールは，太陽の質量の30倍以上の質量の恒星が超新星爆発をおこしたあとにできる天体です。強い重力で，光さえも飲みこみます。

ブラックホールは，文字どおり，黒い穴のように見えます。ただし，重力で天体などを飲みこむ際には，その周囲が明るく輝きます。飲みこまれる天体が引き裂かれ，高温のガスとなって，光を発するからです。

中性子星は，密度が１立方センチメートルあたり約10億トンにも達するんだハリ。

5 ブラックホールと天体

ブラックホールが天体を飲みこむようすをえがきました。天体は，ブラックホールの強烈な重力によって，引き裂かれます。そして天体の残骸が，摩擦によって加熱され，高温のガスとなって輝きます。

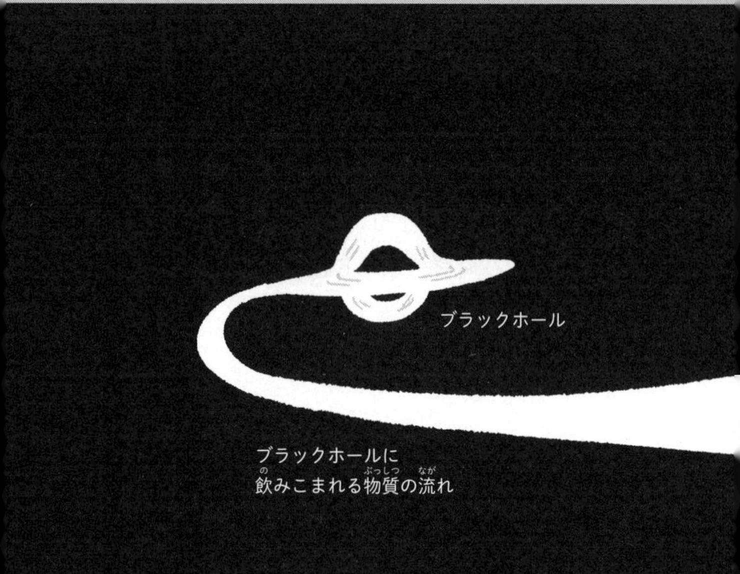
ブラックホール
ブラックホールに
飲みこまれる物質の流れ

ブラックホールは，中性子星ができる場合よりも，さらに重い恒星が超新星爆発をおこしたあとに，元の恒星の中心部が収縮してできる天体なんだって。あまりにも重力が強いから，中心部が際限なく収縮していき，最期は1点につぶれてしまうと考えられているそうよ。

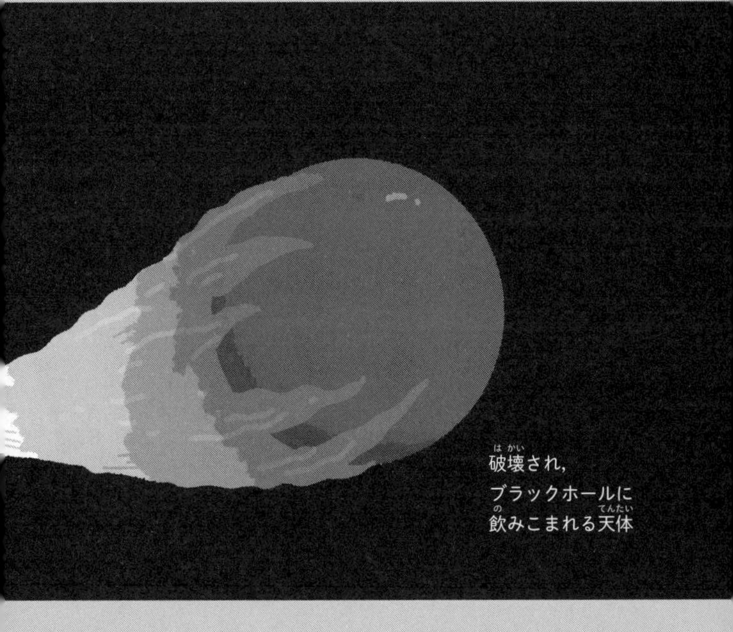
破壊され，
ブラックホールに
飲みこまれる天体

博士！教えて!!

吸いこまれたら，どうなるんですか？

博士，ブラックホールに吸いこまれたら，どうなるんですか？

ブラックホールの吸いこむ力は，近づくにつれて強くなるんじゃ。物体が吸いこまれるときは，スパゲッティみたいに引きのばされると考えられておる。

えーっ！　吸いこまれたあとは，どうなるんですか？

わからん。吸いこまれたあとは，ブラックホールの中心の1点に引きよせられて，つぶされるのかもしれん。じゃが，つぶされて最終的にどうなるのかなど，よくわかっていないんじゃ。

……。気になるなぁ。

うむ。ブラックホールに吸いこまれると，ホワイトホールという出口からほうりだされるという説もあるぞ。

へぇ～。

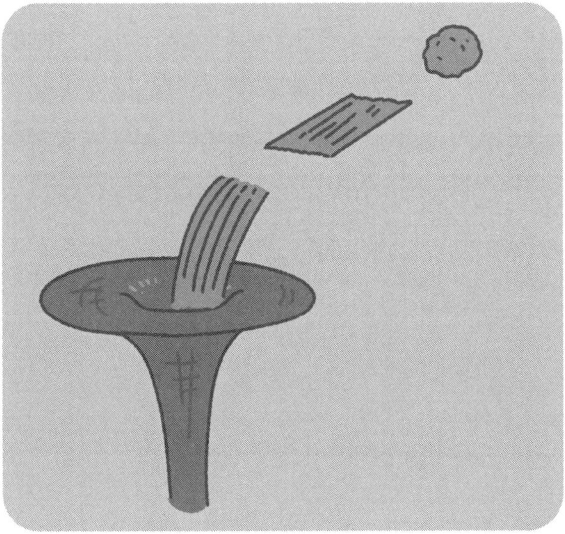

6 10^{20}年後，銀河中心のブラックホールが巨大化

天体どうしが接近遭遇すると，軌道が変わる

銀河もまた，永遠の存在ではありません。銀河を構成している天体たちは，銀河の中でつねに動いています。天体どうしが接近遭遇すると，たがいの重力の影響を受けて軌道が変わり，天体が銀河の中心に向かって落下したり，銀河からはなれていったりします。天体どうしが接近遭遇をくりかえして，10^{20}年後（1兆年の1億倍後）ごろには，天体が銀河から消えてしまうと考えられています。

6 銀河中心のブラックホール

小さなブラックホールを飲みこんで，巨大化していく銀河中心のブラックホールのイメージをえがきました。長い年月をかけて，さまざまな天体を飲みこんでいきます。

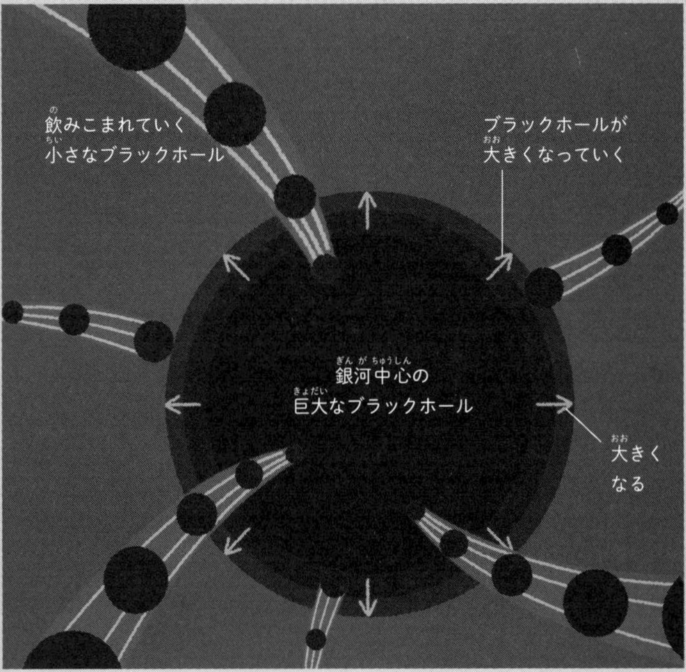
飲みこまれていく
小さなブラックホール
ブラックホールが
大きくなっていく
銀河中心の
巨大なブラックホール
大きく
なる

銀河中心のブラックホールに飲みこまれる

銀河の中心には，一般的に，巨大なブラックホールが存在しています。その質量は，太陽の質量の100万倍から数百億倍にも達します。現在の銀河団などからできる，未来の球状の巨大天体の中心にも，巨大なブラックホールが鎮座しているはずです。

天体どうしの接近遭遇などで，銀河の中心に落下した天体の多くは，最終的には銀河中心のブラックホールに飲みこまれます。飲みこまれる天体には，恒星が超新星爆発をおこしたあとに残る小さなブラックホールも含まれます。銀河中心の巨大ブラックホールは，飲みこんだ天体の質量の分だけ，その大きさを増していきます。

memo

7 ある理論によると，将来，陽子が崩壊するらしい

原子核は，「陽子」と「中性子」からなる

銀河を飛び出していった多くの天体たちも，遠い将来には消滅してしまうと考えられています。天体をつくる原子が，いずれ死をむかえると考えられているからです。

原子は，原子核とその周囲に分布する電子からできています。このうち原子核は，プラスの電気をおびた「陽子」と，電気をおびていない「中性子」が，複数個集まって構成されています。

陽子崩壊がおきる場合，原子核も崩壊

中性子は，陽子と安定な原子核を構成してい

るときは，崩壊することはありません。しかし単独の中性子は不安定で，15分程度で複数の粒子に崩壊してしまいます。一方，陽子はとても安定な粒子で，中性子のようにこわれることはありません。

ところが，素粒子物理学の「大統一理論」とよばれる理論によると，陽子も非常に長い年月がたつと，崩壊をおこすと予想されています。陽子崩壊がおきる場合，原子核は永久に安定ではいられず，いずれ崩壊してしまうのです。

大統一理論とは，「電磁気力（電気力と磁気力）」「弱い力」「強い力」の三つの力を統一的に説明する未完成の理論なんだハリ。弱い力とは，中性子の崩壊などを引きおこす力で，強い力とは，陽子や中性子の構成要素である「クォーク」という素粒子どうしを結びつけている力なんだハリ。

7 原子の構造と陽子崩壊

左ページに原子核の構造(A)を，右ページに陽子崩壊(B)をえがきました。

A. 原子の構造

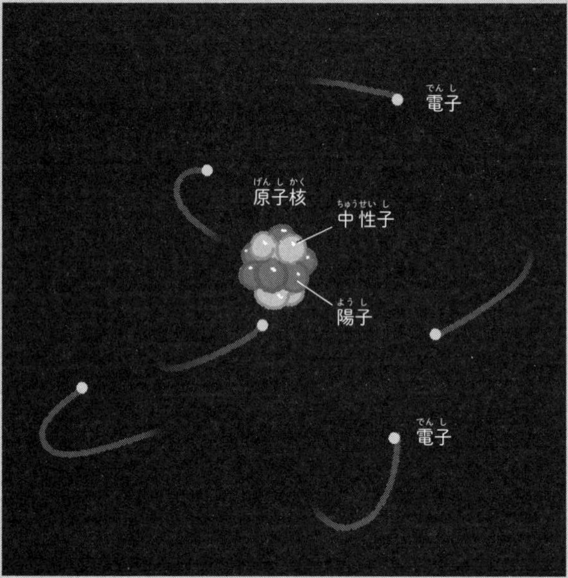

電子
原子核
中性子
陽子
電子

陽子はまず，陽電子と中間子にこわれるのだ。中間子は不安定で，すぐに二つの光子（光の素粒子）にこわれるのだ。また，陽電子は，周囲の電子と出会うと，電子とともに消滅し，光子に変わるのだ。

B. 陽子崩壊

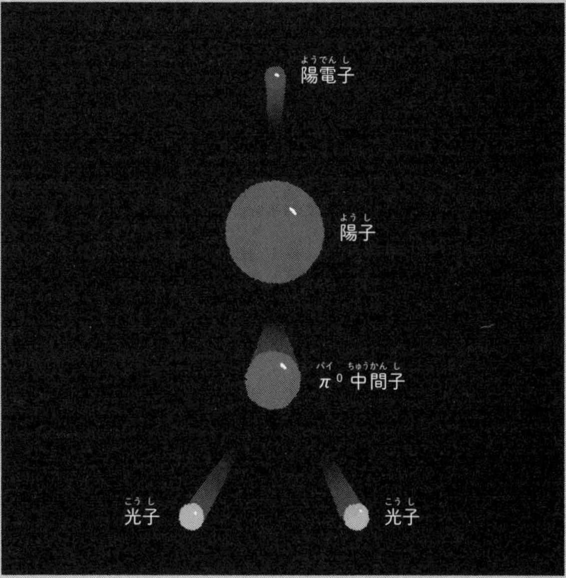
陽電子
陽子
π⁰中間子
光子
光子

陽子は，陽電子と π^0 中間子にこわれます。
さらに π^0 中間子は，二つの光子にこわれます。

8 ブラックホール以外の天体が，消える

いずれ原子は消滅してしまう

ブラックホールと中性子星以外の天体は，原子からできています。中性子星は例外で，中性子が主な構成要素です。

原子核を構成する陽子や中性子が崩壊していけば，いずれ原子は消滅してしまいます。すると，原子からできているあらゆる天体と物体が，消滅します。また，中性子を主な構成要素とする中性子星も，消滅します。

陽子の寿命は，10^{34}年程度か

陽子の崩壊は，まだ実験的に観測されておらず，陽子の寿命はよくわかっていません。10^{34}年程度か，それ以上ではないかと考えられています。**つまり10^{34}年後以降，宇宙からは陽子や中性子が消えていき，その結果，ブラックホール以外のあらゆる天体と物体が消滅していくことになるのです。**

陽子の寿命は，陽子の数が元の約2.7分の1に減るまでにかかる時間です。陽子は，寿命が来た瞬間に崩壊するのではなく，寿命より早く崩壊するものも，寿命より遅く崩壊するものもあります。

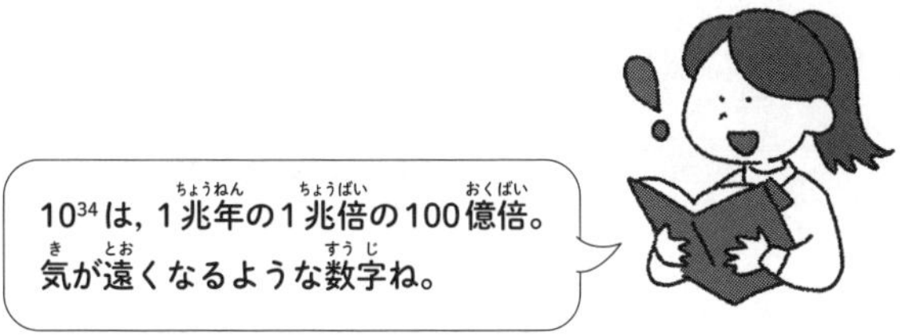
10^{34}は，1兆年の1兆倍の100億倍。
気が遠くなるような数字ね。

8 小惑星の消滅

岩石でできた小惑星が，陽子崩壊の影響を受けて，徐々に小さくなっていくイメージをえがきました。最終的に，完全に消滅します。

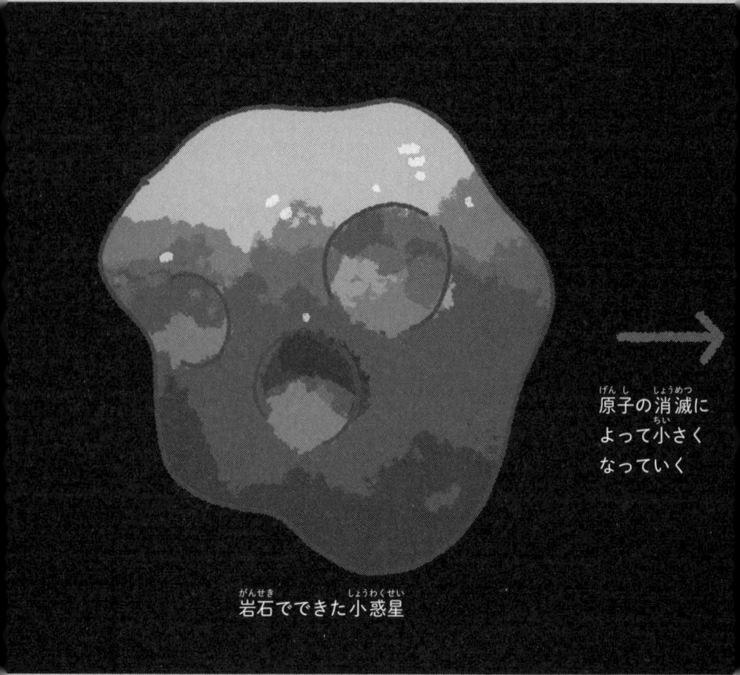
原子の消滅によって小さくなっていく
岩石でできた小惑星

陽子の崩壊は，原子の消滅と物体の消滅を引きおこすんだハリ。

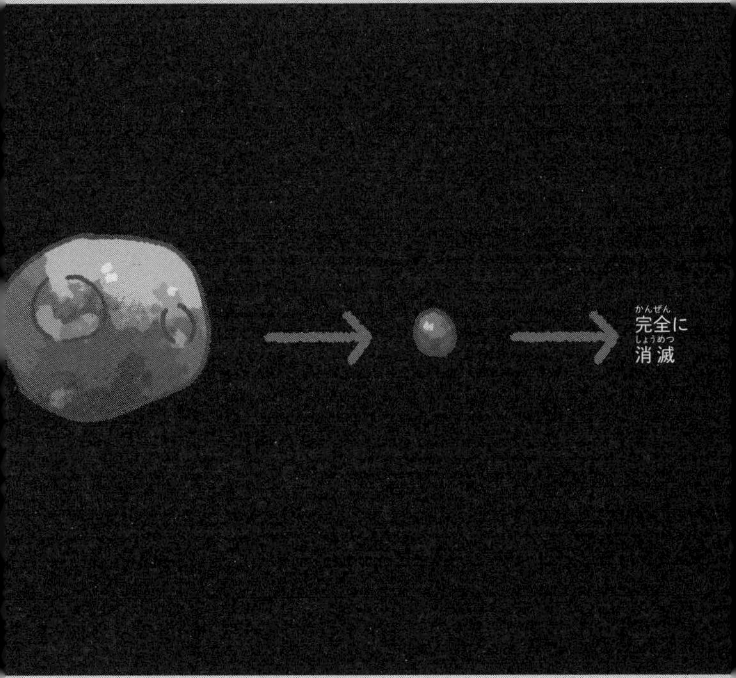
完全に消滅

ブラックホールは毛(け)が3本(ぼん)

ブラックホールは，太陽(たいよう)の20倍以上(ばいいじょう)の質量(しつりょう)をもつ恒星(こうせい)が，超新星爆発(ちょうしんせいばくはつ)をおこすか，重力崩壊(じゅうりょくほうかい)してできる天体(てんたい)です。ブラックホールができる過程(かてい)では，元(もと)の恒星(こうせい)の特徴(とくちょう)が，ほとんど失(うしな)われてしまいます。

アメリカの物理学者(ぶつりがくしゃ)のジョン・ホイーラー（1911〜2008）は，ブラックホールに特徴(とくちょう)がないことを，「ブラックホールは毛(け)がない」と表現(ひょうげん)しました。しかし実際(じっさい)には，ブラックホールには，三(みっ)つの特徴(とくちょう)があります。物質(ぶっしつ)の動(うご)かしにくさである「質量(しつりょう)」，物質(ぶっしつ)の回転運動(かいてんうんどう)の大(おお)きさである「角運動量(かくうんどうりょう)」，物質(ぶっしつ)のもつ電気(でんき)の量(りょう)である「電荷(でんか)」です。

そのため今(いま)は，ホイーラーの言葉(ことば)を変更(へんこう)して，「ブラックホールは毛(け)が3本(ぼん)」と表現(ひょうげん)されることがあります。そして，ブラックホールができる過程で元の恒星の特徴がほとんど失われてしまうことは，「ブラックホール無毛定理」や「ブラックホール脱毛定理」などということがあります。

9 ブラックホールが，小さくなっていく

ブラックホールも，ある種の温度をもつ

　ブラックホールは，周囲に飲みこむ物がなくなると，それ以上大きくなれなくなります。そしていずれは，その大きさを保てなくなります。ブラックホールは，「蒸発」すると考えられているからです。ブラックホールの蒸発とは，ブラックホールが光や電子などを放出して，少しずつ軽く小さくなることを意味します。

　炭などの物体は，熱すると光を発します。これは，「熱放射」とよばれる現象です。ブラックホールの蒸発も，一種の熱放射とみなせます。つまりブラックホールも，ある種の温度をもつのです。これを，「ホーキング温度」といいます。

9 光を放つブラックホール

ブラックホールがわずかに熱をもち，微弱な光を発しているようすをえがきました。ブラックホールに向かっている光は，宇宙背景放射です。

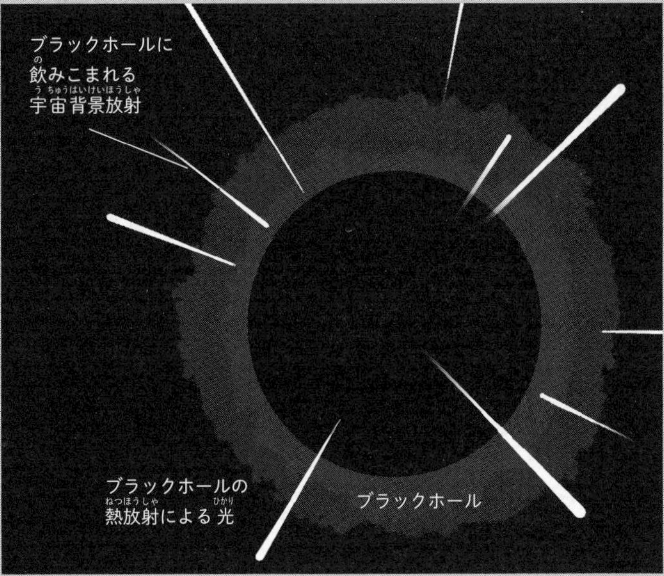
ブラックホールに
飲みこまれる
宇宙背景放射
ブラックホールの
熱放射による光
ブラックホール

ブラックホールというけど，
わずかな光を発しているのね。

宇宙背景放射の方が，温度が低くなる

宇宙には，ビッグバンの残光である，「宇宙背景放射」とよばれる微弱なマイクロ波が飛びかっています。現在の宇宙背景放射は，温度にして約マイナス270℃（絶対温度で約3K）に相当します。

宇宙の膨張が進むと，宇宙背景放射はどんどん波長が長くなり，温度が低くなっていきます。今から数千億年もたつと，太陽程度の質量の小さなブラックホールの温度（1億分の6K程度）よりも，宇宙背景放射の方が温度が低くなります。すると，ブラックホールから出ていく熱放射のエネルギーの方が，大きくなります。

10 10^{100}年後，ブラックホールすら消えてしまう

蒸発は，徐々にスピードを増していく

ブラックホールの温度は，ブラックホールの質量が小さいほど，高くなります。そのためブラックホールは，蒸発して質量が減るほど，温度が高くなります。

ブラックホールの蒸発は，最初はゆっくりとはじまるものの，ブラックホールの質量が減って温度が上がっていくにつれて，スピードを増していきます。そして最終的には，爆発的ないきおいで光やさまざまな「素粒子」を放出して，消滅してしまうと考えられています。素粒子とは，それ以上分割することができない粒子のことです。

巨大ブラックホールの消滅まで，10^{100}年

ブラックホールが消滅してしまうまでには，途方もない年月がかかります。太陽の質量程度の軽いブラックホールの場合，その寿命は約10^{67}年にもなります。

一方，銀河の中心にある巨大なブラックホールが消滅するまでには，さらに膨大な年月がかかります。そのような巨大ブラックホールが消滅するまでには，ざっと10^{100}年もかかると予想されています。

ブラックホールは高温になるにつれて，光（電磁波）に加えて，電子などのさまざまな素粒子も放出するようになっていくのだ。

10 ブラックホールの消滅

蒸発をつづけて小さくなったブラックホールが，最期に爆発的な蒸発をおこしているようすをえがきました。質量が1トンの小さなブラックホールでは，温度は10^{20}℃（1兆℃の1億倍）にも達します。

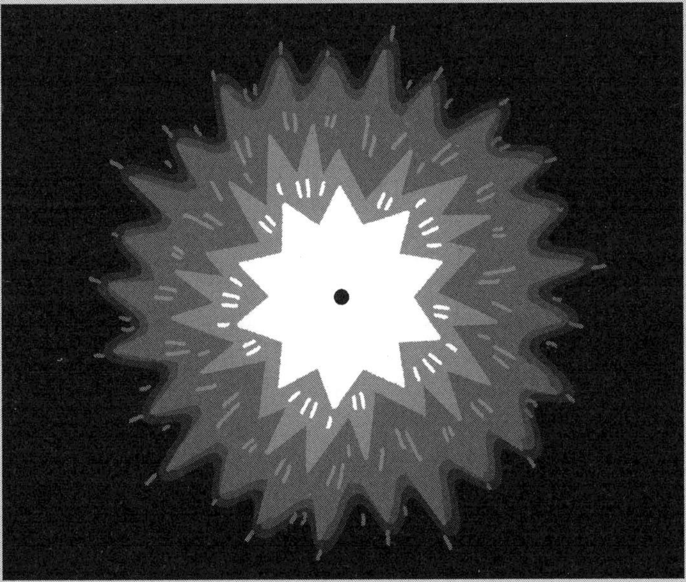

11 原子でできた天体が，鉄の星になる可能性も

鉄がつくられると，核融合反応はおきなくなる

それでは，大統一理論の予測に反して陽子崩壊がおきない場合，宇宙の未来はどうなるのでしょうか。

恒星の中心部では，原子核どうしが融合して，より重い原子核をつくる核融合反応がおきています。**しかし恒星の中で核融合反応が進み，鉄がつくられると，それ以上は核融合反応はおきなくなります。**鉄の原子核が最も安定であり，それ以上核融合をおこすことは，エネルギー的に損だからです。

11 鉄の惑星と衛星

岩石でできている惑星と衛星が，遠い将来に鉄の星に変化したイメージをえがきました。

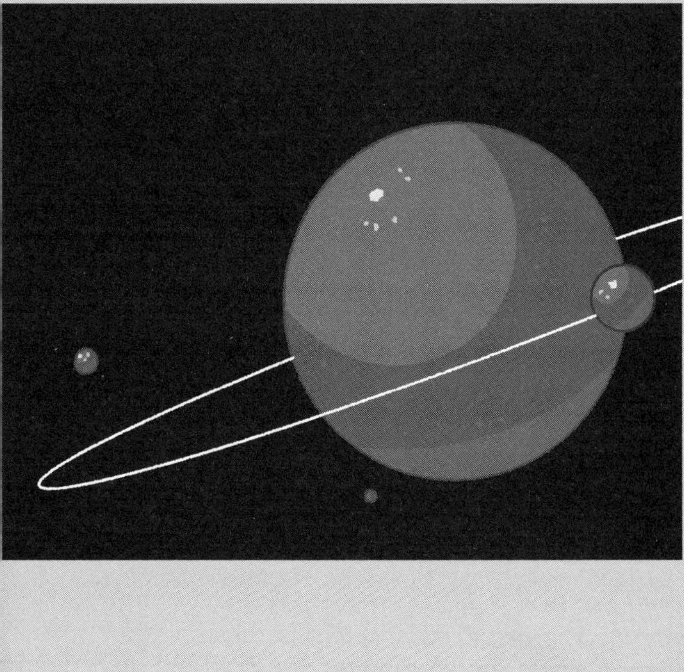

あらゆる原子が，鉄になってしまう

イギリスの著名な理論物理学者のフリーマン・ダイソン（1923～2020）の計算によると，10^{1500}年後という途方もない未来には，あらゆる原子が鉄になってしまうといいます。今ある鉄よりも重い原子核も，崩壊や核分裂をおこして，鉄の原子核に変化します。つまり，そのころに宇宙に残っている原子からできた天体は，すべて「鉄の星」になってしまうのです。

さらにダイソンは，$10^{10^{76}}$（10の10乗の76乗）年後ごろには，鉄の星はさらに安定な，中性子星またはブラックホールに変化すると予想しています。

鉄でできた星だなんて，
一度見てみたいハリ。

memo

ブラックホールを示唆

ドイツ出身の天文学者
カール・シュバルツシルト
（1873〜1916）
若くして天文学を志し
16歳で惑星の軌道理論の
論文を発表
28歳のころに
ゲッティンゲン大学の
助教授と天文台長を兼務
36歳のときに
ドイツで最も権威ある
ポツダム天文台の
台長となる
1915年、
アインシュタインが
一般相対性理論を発表
この中で示された
重力の方程式を
シュバルツシルトが
解いた
「シュバルツシルト解」は
強力な重力の影響で
光でも抜け出せない
領域があることを示唆した
つまり
ブラックホールの存在が
はじめて示された

戦場から宇宙の謎に挑む

アインシュタインの重力方程式を解いたときシュバルツシルトは戦場にいた
長距離弾道の軌道を計算する将校だった
戦場でアインシュタインの論文を入手
方程式を解くと1916年1月、アインシュタインに手紙を送った
手紙を受け取ったアインシュタインはベルリン・アカデミーに伝えた
申し分のない解だ! すばらしい!
しかし1916年5月、シュバルツシルトは42歳の若さで亡くなった
戦場の塹壕で天疱瘡という感染症にかかったためだった

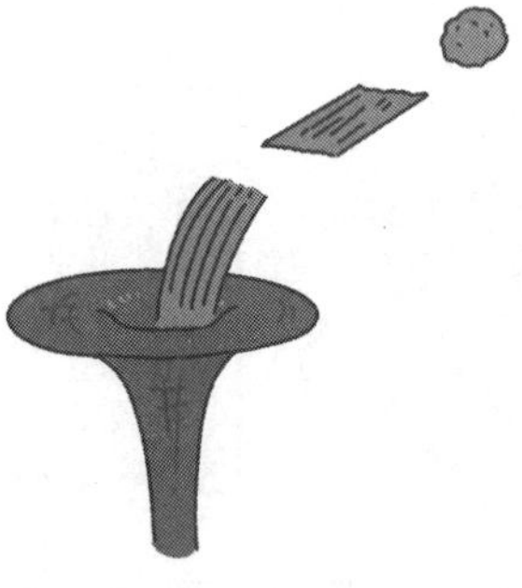

第3章

宇宙の終わりと生まれかわり

第1章と第2章では，地球や太陽，銀河などの，天体の終わりについて紹介しました。では，宇宙空間全体の未来は，どのようなものなのでしょうか。第3章では，宇宙の終わりと生まれかわりについて見ていきましょう。

1 宇宙の未来を決めるのは，「ダークエネルギー」

宇宙空間を満たす，正体不明のエネルギー

広大な宇宙が今後どのような未来を歩んでいくのか，そのカギをにぎっているのが，「ダークエネルギー（暗黒エネルギー）」です。ダークエネルギーとは，宇宙空間をあまねく満たしていると考えられている，正体不明のエネルギーです。そしてこのダークエネルギーは，宇宙の膨張を加速するもとになっているものです。

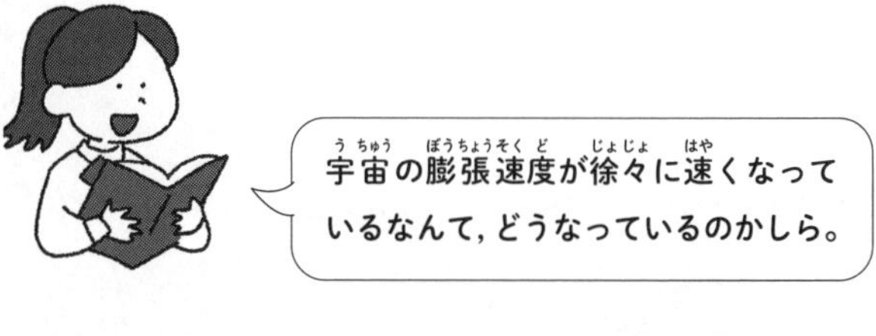
宇宙の膨張速度が徐々に速くなっているなんて，どうなっているのかしら。

1 加速する宇宙の膨張

宇宙の膨張が,加速しているイメージをえがきました。宇宙全体を絵にすることはできないので,宇宙の一部の領域を，球で表現しています。

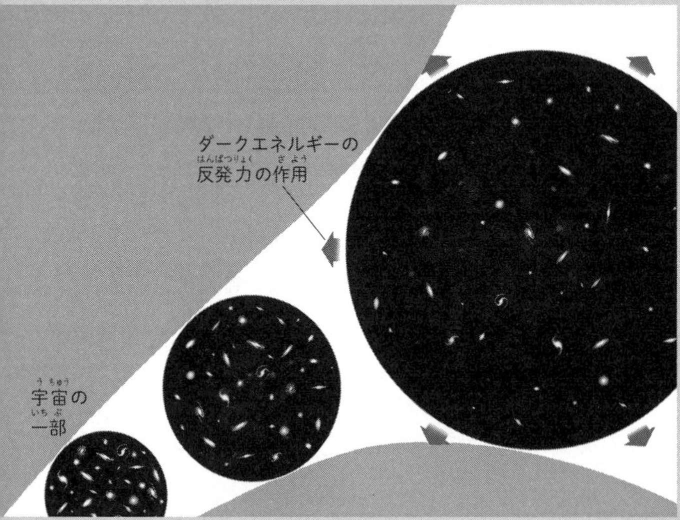
ダークエネルギーの
反発力の作用
宇宙の
一部

重力とは逆に，空間を押し広げる作用をもつ

宇宙の膨張が発見された当初，宇宙の膨張速度は，徐々に遅くなっているはずだと考えられました。天体などの重力が，空間の膨張を引きもどす作用をすることがわかっていたためです。

ところが20世紀の終わりごろ，宇宙の遠方の超新星爆発の観測によって，宇宙の膨張が加速していることが明らかになりました。この発見は，天文学者や物理学者に大きな衝撃をあたえました。通常の重力とは逆に，空間を押し広げる「反発力の作用」をもつ何かが，宇宙空間を満たしていると考えざるをえなかったからです。この正体不明の何かは，ダークエネルギーと名づけられました。

2 謎。ダークエネルギーは，薄まらない！

空間がふえた分だけ，わきでてくる

　空間が膨張すると，当然ながら，その中の物質は，ふえた空間の分だけ密度が減ります。空間が膨張しても，中の物質の質量はふえないからです。

　しかし，ダークエネルギーは，普通の物質とはことなり，空間が膨張しても密度が変わらないと考えられています。つまり，空間がふえた分だけ，ダークエネルギーがどこからともなく，わきでてくるというのです。

これまでの天文観測では，密度が一定

ただし，空間が膨張したときに，ダークエネルギーの密度がまったく変わらないのか，わずかに変化するのかはよくわかっていません。

理論的にいちばん単純なのは，ダークエネルギーの密度がつねに一定の場合です。この場合のダークエネルギーは，「宇宙定数」ともよばれます。

これまでの天文観測によれば，ダークエネルギーの密度は誤差の範囲で一定のようです。しかし，より精密に測定すれば，わずかにダークエネルギーの密度が変化していることが判明するかもしれません。

2 空間の膨張と中身の密度

空間が膨張したときに，中身の密度がどう変化するかのイメージをえがきました。空間が膨張しても，ダークエネルギーの密度は変わりません。

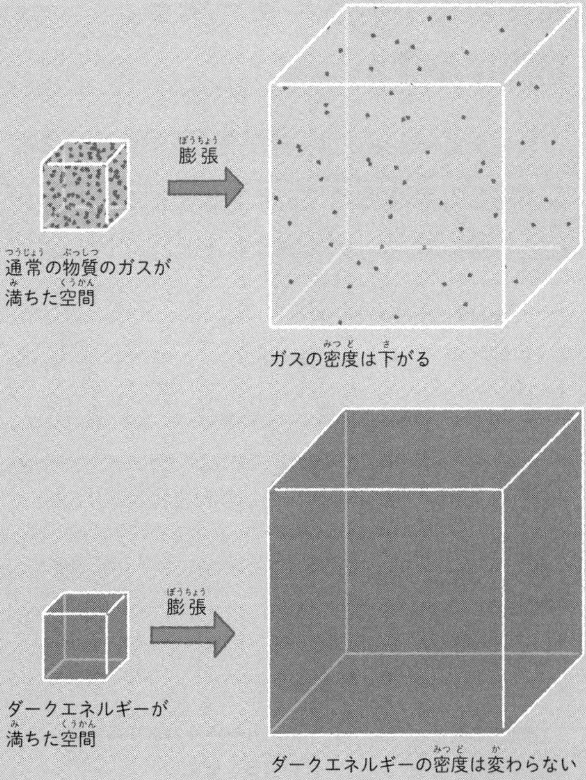
膨張
通常の物質のガスが満ちた空間
ガスの密度は下がる
膨張
ダークエネルギーが満ちた空間
ダークエネルギーの密度は変わらない

3 宇宙の未来は不確定。膨張のしかた次第

空間のもつエネルギーなら，密度は不変か

ダークエネルギーは，空間そのものがもつエネルギーだと考えられています。その通りであれば，空間が膨張しても，ダークエネルギーの密度は変わりません。つまりダークエネルギーは，今後もこれまでと同じだけのペースで，宇宙の膨張をゆるやかに加速していくと考えられます。

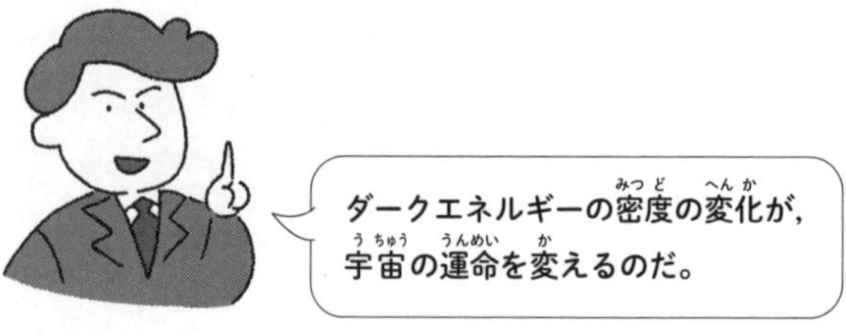
ダークエネルギーの密度の変化が，宇宙の運命を変えるのだ。

時間の経過とともに変化する可能性も

しかしダークエネルギーは正体が不明であるため，時間の経過とともに，密度が変化する可能性も否定できません。

ダークエネルギーの密度が減少していけば，宇宙の膨張の加速はやがて終わり，膨張が減速するか，あるいは膨張から収縮に転じる場合もあるかもしれません。逆に密度が増加していけば，これまでをはるかに上まわるペースで，宇宙の膨張は急激に加速していくと考えられます。そして，極端な場合には，宇宙の膨張率が未来のある時刻に無限大になってしまい，そこで宇宙が終わってしまうかもしれません。

宇宙の未来は，膨張のしかた次第なのです。

3 宇宙膨張の三つのパターン

A. これまでと同じペースで,
膨張がゆるやかに加速する場合

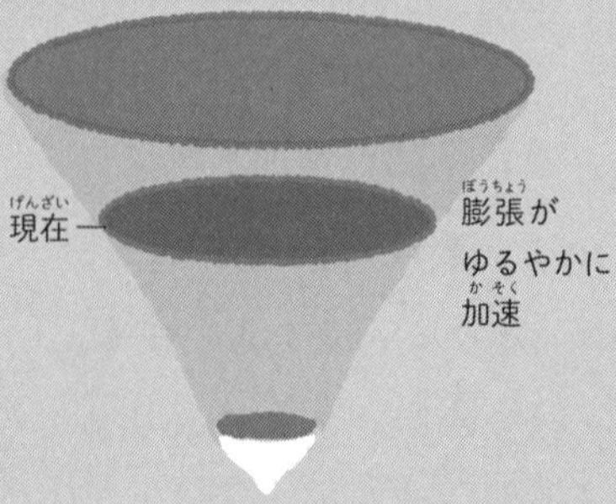
現在
膨張が
ゆるやかに
加速

B. 膨張から収縮に転じる場合

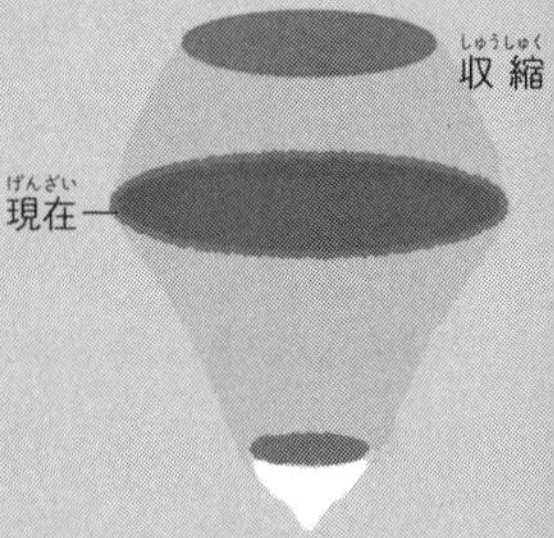
収縮
現在

C. これまでをはるかに上まわるペースで，
膨張が急激に加速する場合

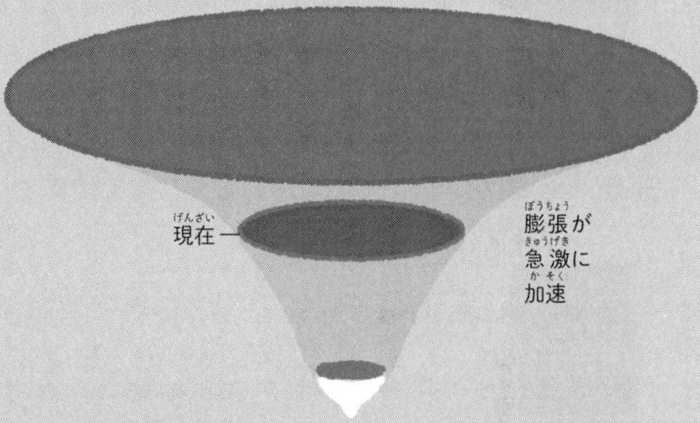
現在
膨張が
急激に
加速

— ビッグフリーズ —

4 何も変わらない，時間が意味を失う宇宙

いくつかの素粒子が，飛びかうだけの世界

ここからは，宇宙の膨張のしかたごとに，宇宙の終わりについてみていきましょう。まず，宇宙の膨張が，これまでと同じペースでゆるやかに加速する場合です。

実は，第2章までに紹介した宇宙の未来は，このシナリオにもとづくものです。10^{34}年後以降，陽子が崩壊し，原子は消滅してしまいます。また，10^{100}年後ごろになると，ブラックホールも蒸発しつくしてしまい，宇宙から天体がなくなります。するとと宇宙は，いくつかの素粒子が飛びかうだけの世界となってしまいます。

4 素粒子が飛びかう宇宙

宇宙の膨張が，これまでと同じペースでゆるやかに加速する場合をえがきました。宇宙は，いくつかの素粒子が飛びかうだけの世界になります。

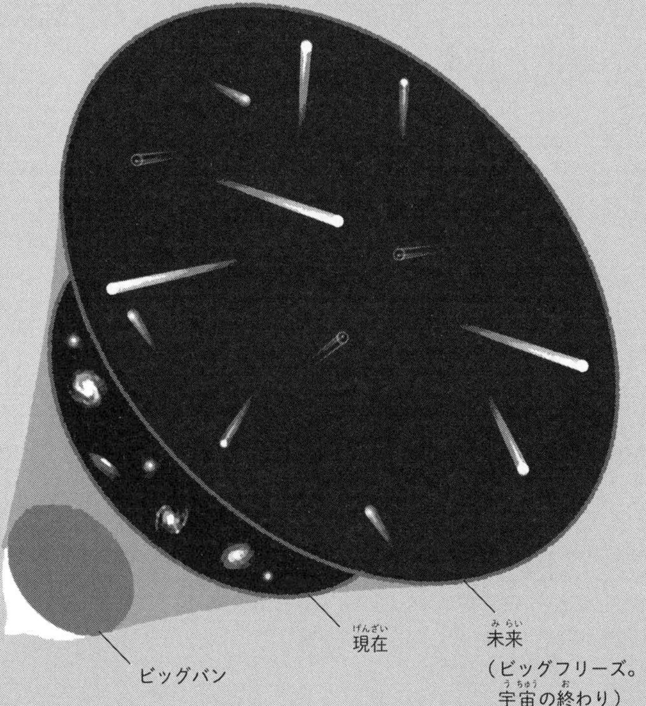
ビッグバン
現在
未来
（ビッグフリーズ。
宇宙の終わり）

事実上の「時間の終わり」

いくつかの素粒子が飛びかうだけの宇宙では，何も変化がおきないと考えられています。時間がたっても何も変わらず，時間が意味をなさなくなるといいます。事実上の，「時間の終わり」といえます。

このような宇宙の終わりは「ビッグフリーズ（Big Freeze）」や「ビッグウィンパー（Big Whimper）」などとよばれています。今のところ，これが最も可能性の高い，宇宙の終わりだと考えられています。

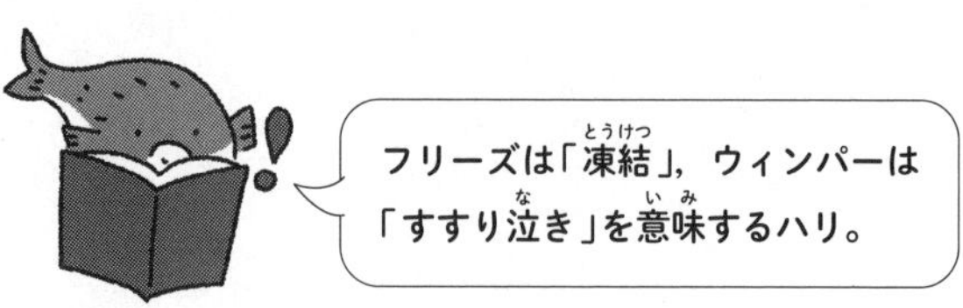
フリーズは「凍結」，ウィンパーは「すすり泣き」を意味するハリ。

— ビッグフリーズ —

5 ほぼ空っぽ。素粒子の密度はゼロに近づく

残るのは，崩壊しない安定な素粒子

10^{100}年後ごろ，ブラックホールも蒸発しつくしてしまった宇宙に残っている素粒子は，「電子」「陽電子」「光子」「ニュートリノ」「ダークマター（暗黒物質）の粒子」ぐらいだと考えられています。これらは，崩壊しない，安定な素粒子だと考えられています。

陽電子は電子と質量などが同じで，プラスの電気を帯びている素粒子です。光子は，光（電磁波）の素粒子です。ニュートリノは，電気的に中性で，何でも貫通する素粒子です。ダークマター（暗黒物質）とは，光を発したり吸収したりしない，正体不明の物質です。ダークマターの粒子は，未発見の素粒子という説があります。

素粒子どうしが，近づくことさえなくなる

宇宙の加速膨張がつづいていくと，素粒子の密度はゼロに近づいていき，素粒子どうしが近づくことさえおきなくなっていきます。ブラックホールが蒸発しつくしたころ（10^{100}年後ごろ）には，宇宙はほとんど空っぽといえる状態になってしまうのです。

陽電子は，陽子崩壊やブラックホールが蒸発する際などに生じるのだ。ニュートリノは，宇宙誕生のビッグバンの際に大量につくられたと考えられており，また，恒星内部の核融合反応でも大量に生じているのだ。ダークマターは，ニュートリノと同じく，地球すらも貫通してしまうと考えられているのだ。

5 ビッグフリーズの素粒子

ビッグフリーズで残る素粒子をえがきました。最終的には，観測可能な範囲に素粒子が1個以下しかない状況になり，個々の素粒子が完全に孤立してしまうと考えられています。

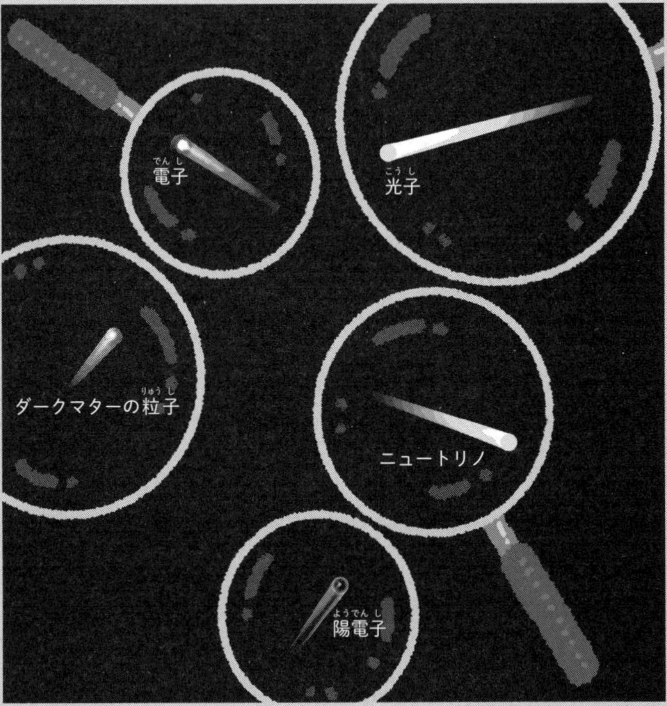
電子
光子
ダークマターの粒子
ニュートリノ
陽電子

― ビッグフリーズ ―

6 トンネル効果で，宇宙が生まれかわる？

ミクロサイズの宇宙に生まれかわる可能性

ビッグフリーズに達した宇宙が，小さな宇宙に生まれかわるという予言をしている研究者もいます。ウクライナ出身の理論物理学者の，アレキサンダー・ビレンキン（1949～　）らです。

ビッグフリーズに達した宇宙は，空間があまりにも大きく膨張してしまっているため，素粒子の密度がゼロの状態と，区別がつかない状態になるといいます。ビレンキンらは，そのような宇宙が「トンネル効果※」によってミクロサイズの宇宙に生まれかわる可能性があることを，理論的な計算によってみちびいたのです。

6 生まれかわる宇宙

「トンネル効果」によって，ビッグフリーズに達した広大な宇宙が，ミクロな宇宙に生まれかわるイメージをえがきました。ミクロな宇宙は，超急激な膨張をおこします。

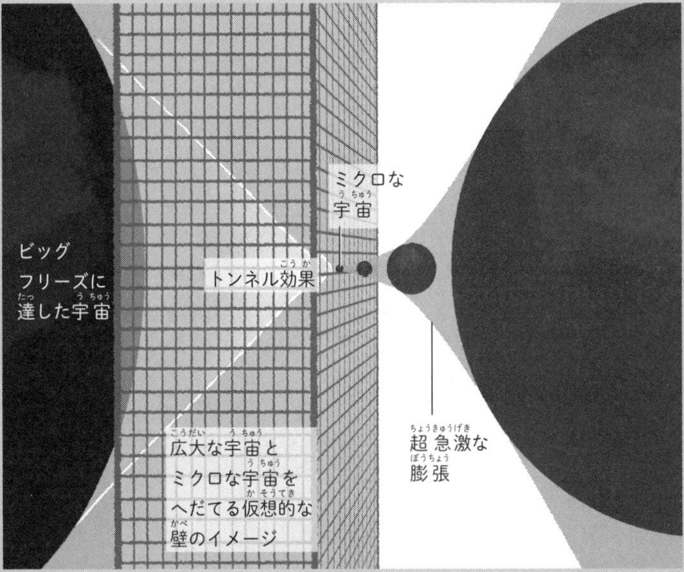
ミクロな宇宙
ビッグフリーズに達した宇宙
トンネル効果
超急激な膨張
広大な宇宙とミクロな宇宙をへだてる仮想的な壁のイメージ

※：トンネル効果とは，ミクロな世界の物理法則である「量子論」にしたがって，粒子が自分のもつ運動エネルギーよりも高い障壁を，あたかもトンネルを通ったかのように乗りこえる現象です。

私たちの宇宙も，生まれかわりを経たかも

生まれたミクロな宇宙は，超急激な膨張を経て，新たな宇宙としての歴史をスタートさせると考えられます。

ただ，生まれかわった宇宙は，私たちの宇宙とは，素粒子の種類や質量，素粒子の間にはたらく力など，さまざまな面でことなっていると考えられます。そのような宇宙で，恒星や銀河や生命が誕生するのかは，よくわかりません。また，もしこの仮説が正しいのなら，私たちの宇宙も，生まれかわりを経た宇宙なのかもしれません。

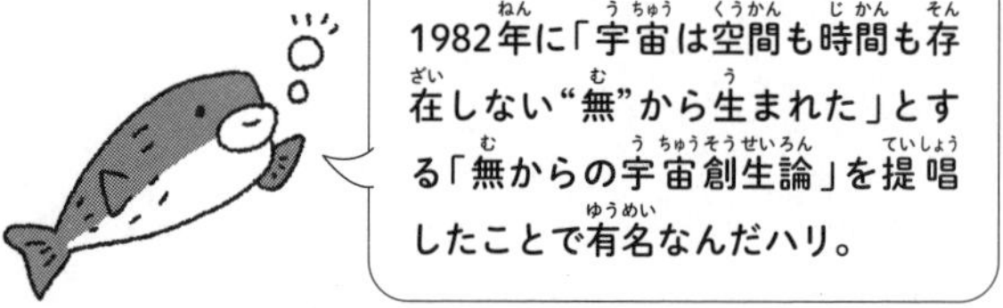
アレキサンダー・ビレンキンは，1982年に「宇宙は空間も時間も存在しない“無”から生まれた」とする「無からの宇宙創生論」を提唱したことで有名なんだハリ。

memo

宇宙の約95％は謎

私たちの宇宙は，いったいどのような成分でできているのでしょうか。

ESA（ヨーロッパ宇宙機関）が2009年に打ち上げた宇宙背景放射観測衛星「プランク」の観測結果などによると，私たちの宇宙を構成する成分のうち，原子などの「普通の物質」はたったの4.9％しかないことがわかっています。残りの95.1％は，26.8％が「ダークマター（暗黒物質）」，68.3％が「ダークエネルギー（暗黒エネルギー）」です。

ダークマターは，光を発したり吸収したりしない，正体不明の物質です。一方，ダークエネルギーは，宇宙の膨張を加速させている，正体不明のエネルギーです。物質とエネルギーを比較できるのは，質量とエネルギーはたがいに換算できるためです。つまり宇宙の約95％は，正体不明の成分でできているのです。私たちが知っている宇宙の成分が，たったの5％だけだなんて，衝撃的ですね。

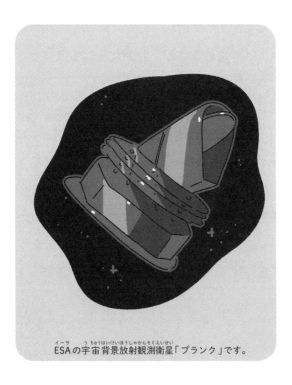

ESAの宇宙背景放射観測衛星「プランク」です。

— ビッグクランチ —

7 膨張が止まり，収縮へ！ブラックホールだらけに

ダークエネルギーが，引力の作用をもつように

次に，宇宙の膨張が，収縮に転じる場合についてみていきましょう。

ダークエネルギーの密度の減少の割合が小さければ，宇宙の膨張は永遠につづき，114ページまでに紹介した宇宙の未来とあまり変わりません。しかし，ダークエネルギーの密度が減少しすぎて負の値をもつようになってしまうと，ダークエネルギーは空間の膨張を引きもどそうとする，引力の作用をもつようになります。

7 ブラックホールだらけの宇宙

宇宙の膨張が，収束に転じる場合をえがきました。
宇宙は，ブラックホールだらけになります。

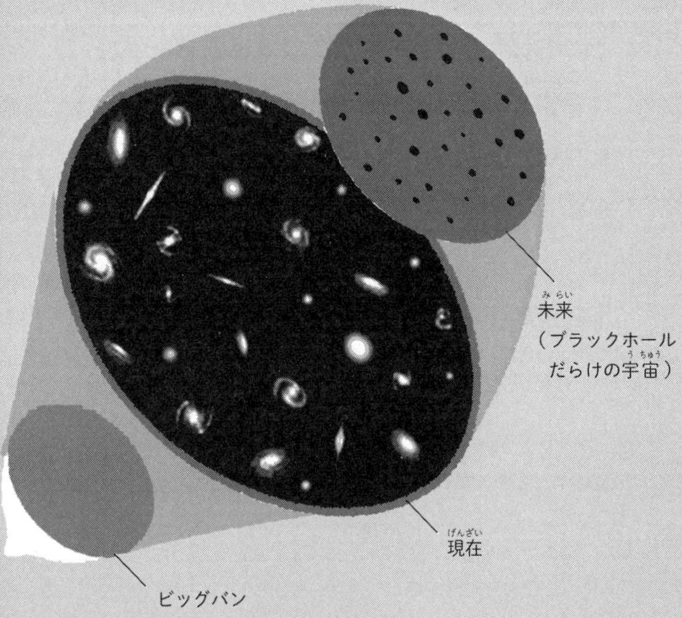
未来
（ブラックホールだらけの宇宙）
現在
ビッグバン

ブラックホールが，巨大化していく

ダークエネルギーが引力の作用をもつようになると，宇宙の膨張はいずれ止まってしまいます。そして宇宙はその後，収縮に転じます。

宇宙が収縮していくと，銀河はどんどん合体していきます。一方，銀河中心のブラックホールは，銀河の星々などを飲みこんでいき，巨大化していきます。そして宇宙は，巨大なブラックホールだらけになってしまいます。

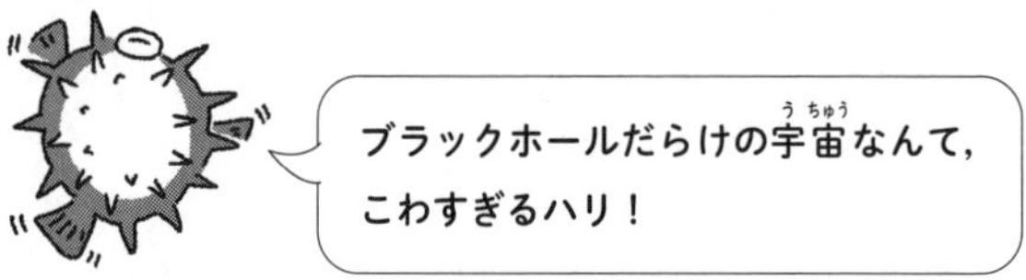
ブラックホールだらけの宇宙なんて，
こわすぎるハリ！

— ビッグクランチ —

8 超高温の宇宙がつぶれて，無に帰す

宇宙背景放射の波長が，短くなっていく

ダークエネルギーが負のエネルギーをもつというのは，非常に奇妙な考え方だといえます。しかし現状では，ダークエネルギーの正体が不明であるため，そのような可能性も理論的に考えられているのです。

宇宙が収縮していく過程では，空間の収縮にともなって，宇宙背景放射の波長がどんどん短くなっていきます。宇宙背景放射の波長が短くなっていくということは，宇宙の温度が上がっていくことを意味します。その結果，宇宙は超高温の世界と化し，宇宙全体が光り輝きます。

宇宙全体が，1点につぶれる

超高温の宇宙の中で，巨大ブラックホールどうしは合体していきます。そして最終的には，宇宙空間全体が1点につぶれて，終焉をむかえます。このような宇宙の終わりは「ビッグクランチ（Big Crunch）」とよばれています。クランチは，「押しつぶすこと」といった意味です。ビッグクランチによって，宇宙は無に帰すことになります。

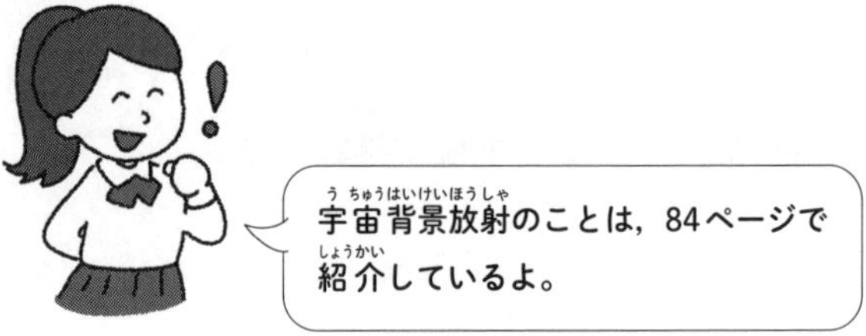
宇宙背景放射のことは，84ページで紹介しているよ。

8 ビッグクランチで終わる宇宙

ダークエネルギーの密度が負の値になった，宇宙の未来のイメージをえがきました。宇宙は膨張から収縮に転じ，最終的には1点につぶれてしまい，「ビッグクランチ」とよばれる終わりをむかえます。

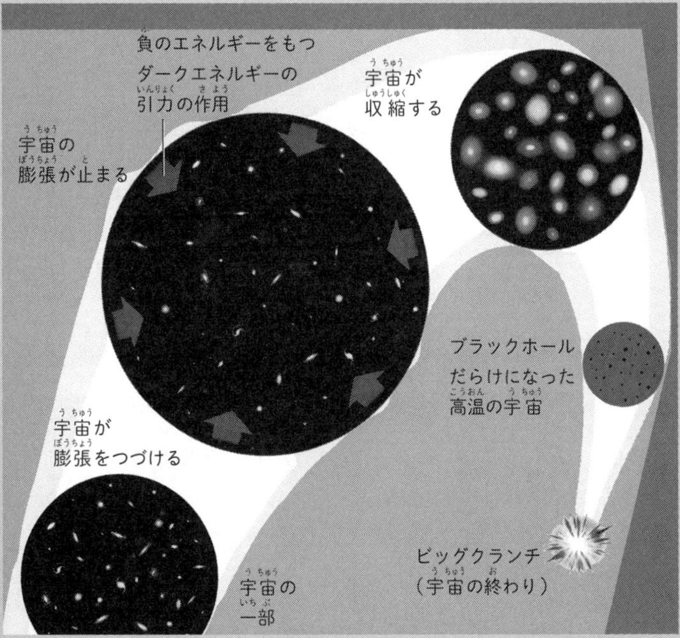
負のエネルギーをもつ
ダークエネルギーの
引力の作用
宇宙が
収縮する
宇宙の
膨張が止まる
ブラックホール
だらけになった
高温の宇宙
宇宙が
膨張をつづける
ビッグクランチ
（宇宙の終わり）
宇宙の
一部

— ビッグクランチ —

9 つぶれた宇宙が，はねかえって生まれかわる？

収縮から膨張に転じるという考え方

厳密にいうと，現代物理学では，ビッグクランチ後の宇宙がどうなるかは，解明できていません。ビッグクランチのあと，宇宙が「はね返り（ビッグバウンス，Big Bounce）」をおこして，収縮から膨張に転じるという考え方もあります。この場合，宇宙は，「ビッグバン→膨張→収縮→ビッグクランチ→ビッグバン→膨張→収縮→ビッグクランチ→……」というサイクルをくりかえします。このような考え方は，「サイクリック宇宙論」といいます。

密度が，無限大になってしまう

ビッグクランチは，宇宙が大きさゼロの点につぶれる現象です。その点の密度は，無限大になってしまいます。このような点は，「特異点」とよばれています。

しかし無限大の密度などというものが，現実世界でありえるのでしょうか。特異点で何がおきるかは，一般相対性理論と量子論を融合させた「量子重力理論」を使わないと，完全には解明できないと考えられています。量子重力理論は，いくつかの候補が研究されているものの，未完成です。

特異点では，既存の物理法則，つまり時間と空間と重力の理論である一般相対性理論がなりたたず，その予言能力が失われてしまうのだ。

9 サイクリック宇宙論

ビッグバンとビッグクランチをくりかえす，サイクリック宇宙論のイメージをえがきました。宇宙の膨張の加速が発見されたこともあり，現在では，このような宇宙像は，標準的な考え方とはなっていません。

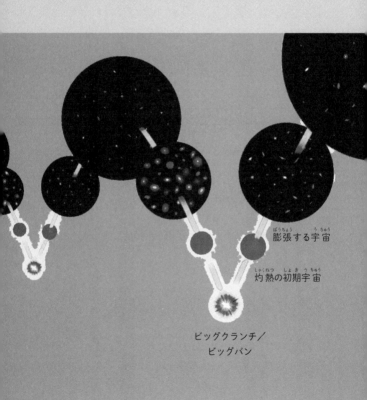

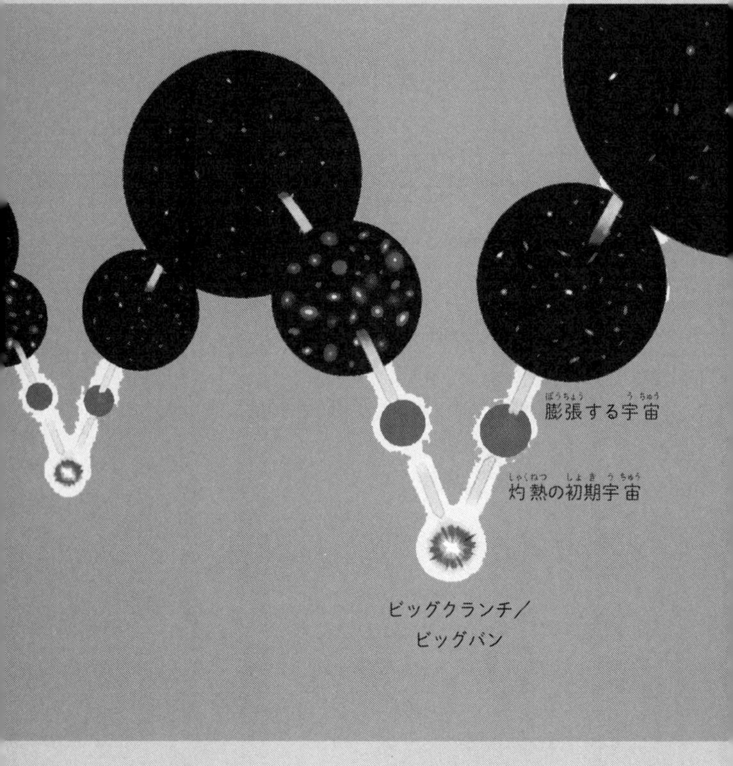
膨張する宇宙
灼熱の初期宇宙
ビッグクランチ／
ビッグバン

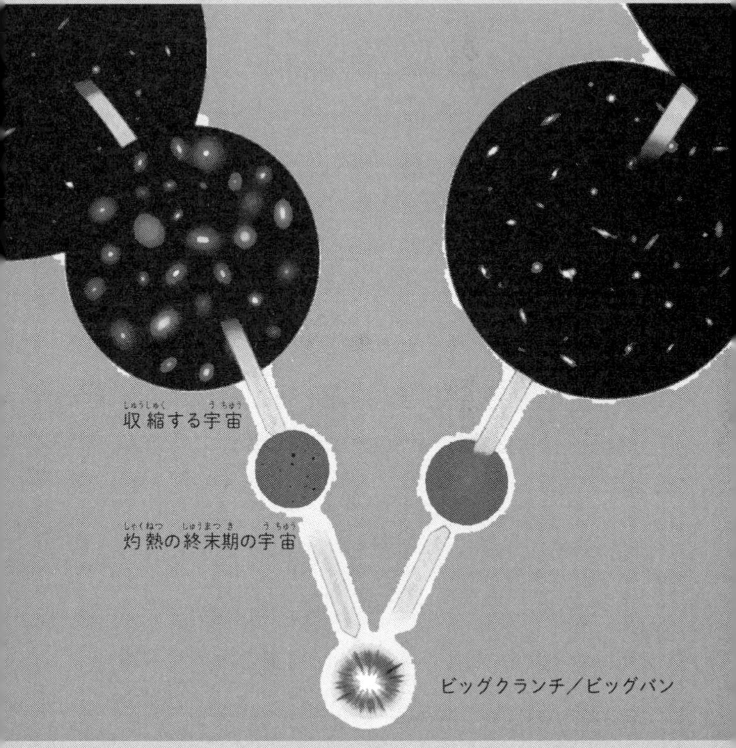
収縮する宇宙
灼熱の終末期の宇宙
ビッグクランチ／ビッグバン

— ビッグクランチ —

10 宇宙は膜？　膜宇宙どうしが衝突で生まれかわる？

宇宙は，高次元空間に浮かぶ膜と考える

　量子重力理論の有力候補に，「超ひも理論（超弦理論）」があります。超ひも理論は，素粒子がミクロの「ひも」でできていると考える，未完成の理論です。**この超ひも理論から派生して生まれたのが，「エキピロティック宇宙論」です。**

　エキピロティック宇宙論では，私たちの宇宙は高次元空間に浮かぶ膜のようなものだと考えます。この膜は「ブレーン」とよばれます。私たちの宇宙のブレーンと，別の宇宙のブレーンが衝突すると，ブレーンが超高温の状態となります。これが，ビッグバンやビッグクランチに相当するのだといいます。

いったん遠ざかるものの やがて引きよせあう

エキピロティック宇宙論を，さらにサイクリック宇宙論に発展させたモデルもあります。ビッグバンのあと，二つの宇宙のブレーンはいったん遠ざかるものの，やがては引きよせあって衝突し，ふたたびビッグバンをおこすというモデルです（130 ～ 131ページのイラスト）。

ただ，エキピロティック宇宙論も，それをサイクリック宇宙論に発展させたモデルも，理論上の問題点が指摘されており，現状では風変わりな仮説にすぎません。

「エキピロティック」はギリシャ語の「大火」に由来するハリ。

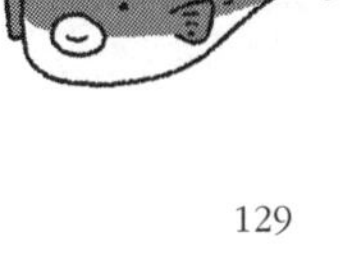

10 くりかえすブレーンの衝突

エキピロティック宇宙論を，サイクリック宇宙論に発展させたモデルをえがきました。二つの宇宙のブレーンが，衝突による終焉と再生をくりかえします。

1. はなれている

二つの宇宙のブレーンが，はなれて存在しています。重力は，別の宇宙のブレーンに伝わると考えられています。

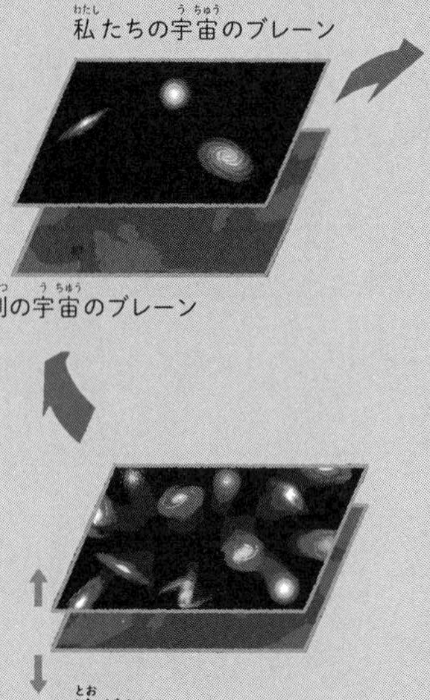

私たちの宇宙のブレーン
別の宇宙のブレーン

4. 遠ざかる

二つの宇宙のブレーンが，遠ざかっていきます。それぞれの宇宙のブレーンの重力が弱くなり，再生した宇宙が膨張していきます。

2. 接近する

二つの宇宙のブレーンが，たがいの重力で接近します。相手の宇宙のブレーンの重力が加わって，それぞれの宇宙のブレーンの重力が強くなります。

3. 衝突する

二つの宇宙のブレーンが，衝突します。ビッグクランチがおき，そのあとビッグバンがおきます。それぞれの宇宙のブレーンで，宇宙が再生します。

博士！教えて!!

宇宙って何ですか？

博士，宇宙って何ですか？

宇宙じゃと？　ふ〜む…，何から説明したらいいのかわからないぐらい，わからん。

えー。

宇宙というのはの，すべての空間と時間のことじゃ。宇宙の「宇」という漢字は空間をあらわし，「宙」という漢字は時間をあらわしているんじゃ。

すべての空間と時間？

うむ。宇宙がどこまでつづいているのかとか，宇宙がいつからあるのかとか，宇宙がいつまであるのかとか，知りたいじゃろ？　世界中の天文学者や物理学者，数学者が研究してい

るんじゃが，まだわからん。それがわかった
ときに，宇宙（うちゅう）が何（なに）か，わかるかもしれんのぉ。

ふ～ん。

宇宙

11 あらゆる天体が，ちりぢりになる宇宙

非常に奇妙な「ファントムエネルギー」

最後に，宇宙の膨張が，これまでをはるかに上まわるペースで急激に加速する場合についてみていきましょう。

ダークエネルギーの密度が増加していくと，宇宙の膨張は急激に加速していきます。密度が増加していくダークエネルギーは，非常に奇妙なため，「ファントムエネルギー」ともよばれています。ファントムは「幽霊」を意味します。

11 銀河がちりぢりになる宇宙

宇宙の膨張が，これまでをはるかに上まわるペースで急激に加速する場合をえがきました。銀河を構成している恒星たちも，ちりぢりになってしまいます。

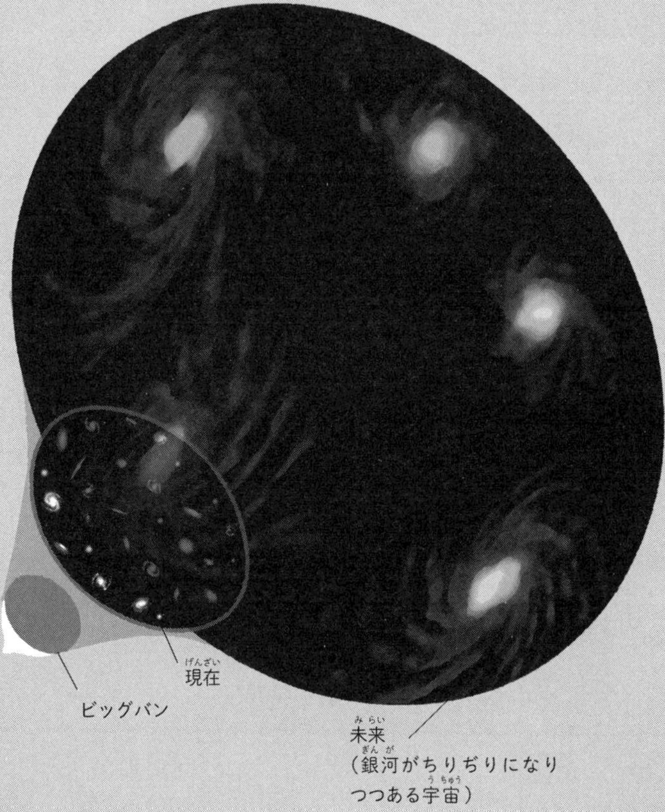
現在
ビッグバン
未来
（銀河がちりぢりになりつつある宇宙）

惑星系も，ちりぢりになってしまう

宇宙の膨張が急激に加速すると，膨張の効果は，いずれ銀河団を構成している銀河どうしの重力の効果を上まわり，銀河団をちりぢりにしてしまいます。その後，銀河を構成している恒星の集まりもちりぢりになっていき，さらに時間が進むと，太陽系のような惑星系もちりぢりになってしまいます。

みんな，離ればなれになってしまうのね。

memo

— ビッグリップ —

12 原子や原子核すらも膨張！あらゆる構造が引き裂かれる

重力や電気的な引力で，大きさを保とうとする

宇宙の膨張についてよくある誤解として，「空間が膨張するなら，銀河団も銀河も，太陽系も地球も，そして原子すらも，すべてが膨張するはずだ」というものがあります。実際は，これらは膨張しません。空間の膨張の効果よりも，重力や電気的な引力によって大きさを保とうとする効果の方が勝るため，膨張しないのです。

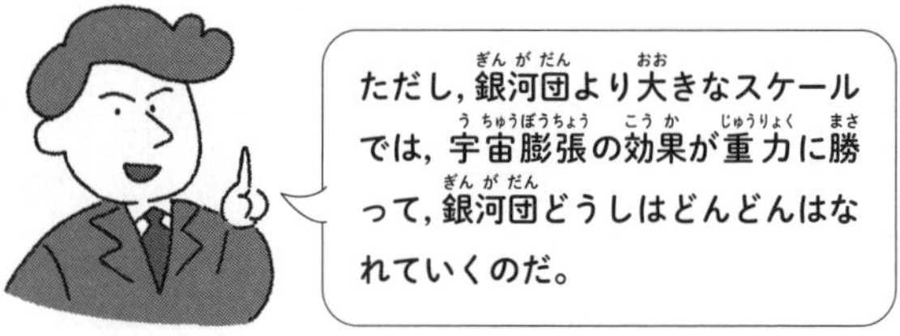
ただし，銀河団より大きなスケールでは，宇宙膨張の効果が重力に勝って，銀河団どうしはどんどんはなれていくのだ。

空間の膨張速度が，無限大に達する

しかし，以上の話は，ダークエネルギーの密度が増加していく場合には，なりたたなくなります。

重力で結びついている，あらゆる天体がちりぢりになってしまいます。さらには，地球などの固体の物体も，ふくらんで破壊されます。最終的には，原子や原子核すらも，ふくらんで破壊されます。あらゆる構造が空間の膨張によって引き裂かれ，空間の膨張速度が無限大に達し，宇宙は終焉をむかえるのです。このような宇宙の終わりは，「ビッグリップ（Big Rip）」とよばれます。リップは「引き裂く」という意味です。

12 膨張する銀河と惑星，原子

銀河の膨張（A），惑星の膨張（B），原子の膨張（C）をえがきました。

A. 銀河の膨張

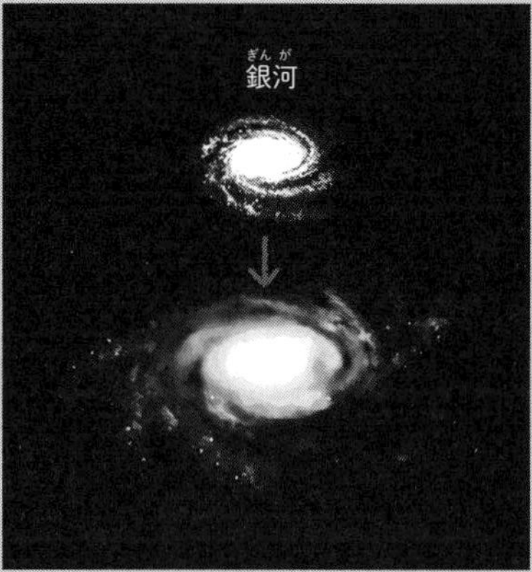
銀河

空間の膨張の効果が，恒星どうしの重力を上まわると，銀河が膨張します。

銀河や太陽系のような惑星系も，恒星も惑星も，原子すらも，ふくれあがってこわされてしまうハリ。

B. 惑星の膨張

空間の膨張の効果が，物質どうしを結びつけている重力や電気的な引力を上まわると，惑星が膨張します。

C. 原子の膨張

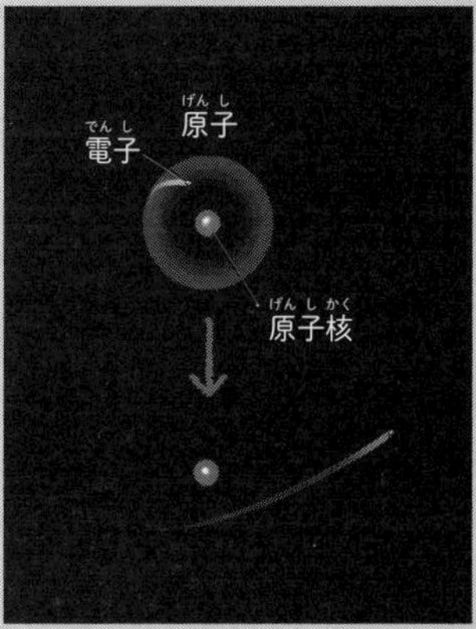
原子
電子
原子核

空間の膨張の効果が，原子核と電子の電気的な引力を上まわると，原子が膨張します。

ダークエネルギーの名づけ親

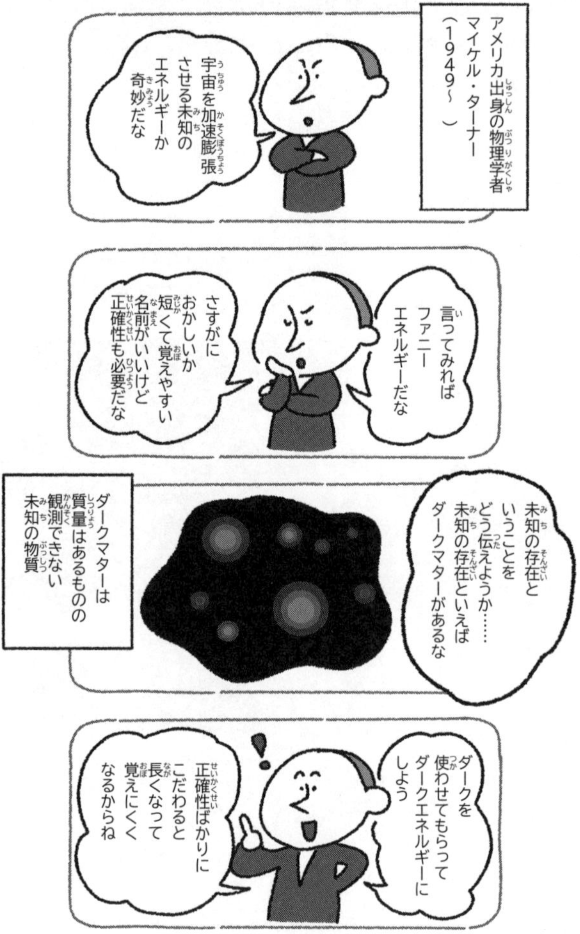
アメリカ出身の物理学者
マイケル・ターナー
（1949〜　）
宇宙を加速膨張させる未知のエネルギーか奇妙だな
言ってみればファニーエネルギーだな
さすがにおかしいか短くて覚えやすい名前がいいけど正確性も必要だな
未知の存在ということをどう伝えようか……未知の存在といえばダークマターがあるな
ダークマターは質量はあるものの観測できない未知の物質
ダークを使わせてもらってダークエネルギーにしよう
正確性ばかりにこだわると長くなって覚えにくくなるからね

人畜無害な宇宙物理学者

こんどはX国のA大学を訪問か
ビザとれるかな
A大学がアメリカのX国大使館に手紙を出してくれたのか
どれどれ
ターナー氏は人畜無害な宇宙物理学の研究者である
これはいいね!
気に入ったターナーは手紙を掲示していた
← 手紙

第4章

宇宙の突然死

宇宙の終わりは，長い年月の果てに訪れるのではなく，突然やってくる可能性もあるようです。「真空崩壊」とよばれる現象です。第4章では，宇宙の突然死についてみていきましょう。

1 確率10の数百乗年に1回？宇宙の真空崩壊

「偽の真空」が「真の真空」へと変化する

ここからは，「真空崩壊」とよばれる，宇宙の終わりの「番外編」のシナリオを紹介しましょう。真空崩壊とは，正のダークエネルギーをもつ現在の宇宙が「偽の真空」にあると考え，それが「真の真空」へと変化する現象です。

真空崩壊は，宇宙全体でいきなりおきるのではなくて，まず小さな「真の真空の泡」がつくられます。そしてその泡が，光速に近い速さで膨張していきます。

1 真空崩壊

現在の宇宙で真空崩壊がおき，真の真空の泡が膨張しているイメージをえがきました。泡に飲みこまれた空間は，空間自体は残るものの，物理法則が変わり，宇宙はちがった姿になってしまいます。

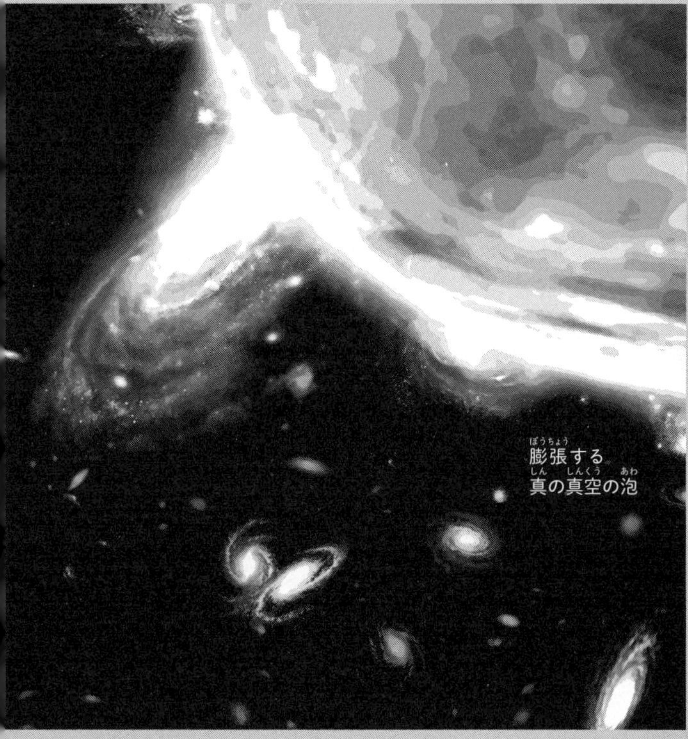
膨張する
真の真空の泡

既存の物体は，すべてくずれさってしまう

真空の状態が変わると，その中での素粒子の質量や，素粒子の間にはたらく力の強さなどが変わってしまいます。物理法則が書きかわってしまうのです。原子は形を保てず，既存の物体はすべてくずれさってしまうと考えられます。

真空崩壊がおきる確率は，モデルによってさまざまです。たとえば，10の数百乗年に1回程度だという理論があります。私たちの生涯のうちに真空崩壊がおきる心配は，まずないでしょう。ただ，現代の物理学では，真空の性質を完全に理解できていません。真空崩壊がおきる確率は，今後，大きく変動する可能性があります。

2 何もない空間には，真空のエネルギーがある

物質を取り除いただけでは，真空とはいえない

一般的に「真空」とは，大気圧よりも気圧が低い状態のことを指します。物質が何も存在しない空間こそ，本来の意味での真空の状態だといえるでしょう。しかし物理学の世界では，気体分子やちりなどの物質をすべて取り除いても，まだほんとうの真空とはいえません。

空間には，光（電磁波）がさしこんでいます。光は，「電磁波」という波であると同時に，「光子」という粒子でもあります。ほんとうの真空とは，光子などを含めた，ありとあらゆる粒子が完全に取り除かれた空間の状態のことだといいます。

空間には何らかのエネルギーが残る

実は，ありとあらゆる粒子を取り除き，ほんとうの真空が実現できたとしても，空間には何らかのエネルギーが残ると考えられています。

それ以上取り除くことのできない，空間に残されたエネルギーのことを，「真空のエネルギー」といいます。真空のエネルギーとは，空間で実現しうる，最も低い状態のエネルギーだといえます。

真空崩壊には，この真空のエネルギーが大きくかかわっています。

空気がないとされる宇宙空間であっても，非常に希薄ではあるが，微量のガスや，ちりのように細かい粒子，そして光の粒子である光子やニュートリノという素粒子が存在しているのだ。

2 真空のエネルギー

空気や光が存在する空間(A)と，ほんとうの真空の空間(B)をえがきました。すべてを取り除いたほんとうの真空の空間であっても，真空のエネルギーが存在します。

A. 空気や光が存在する空間

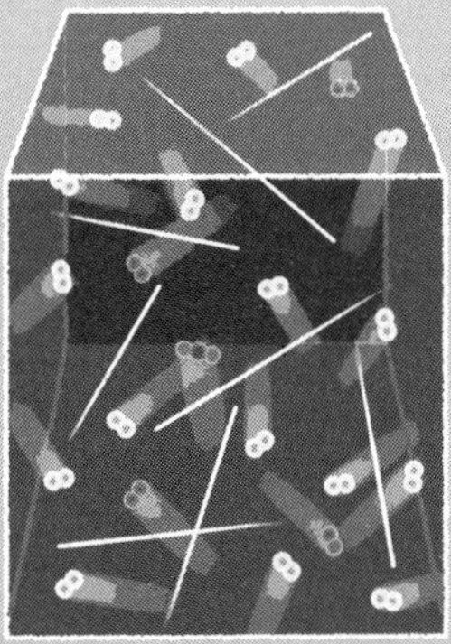

窒素分子や酸素分子，二酸化炭素分子などの気体分子と，光子が存在します。

B. ほんとうの真空の空間

ありとあらゆる粒子を取り除いても，真空のエネルギーが存在します。

3 現在の宇宙の真空の状態が，変化するかも

真空も，水と同じように変化することがある

たとえば水は，温度によって，水蒸気や氷に変化します。このような物質の状態の変化を，「相転移」といいます。水が氷に相転移するのは，0°C以下では，氷の方がエネルギーが低いためです。

実は真空も，水と同じように，よりエネルギーの低い状態に相転移することがあると考えられています。その真空の相転移のカギをにぎるのが，2012年に発見された「ヒッグス粒子」という素粒子です。

現在の真空は，偽の真空かもしれない

　ヒッグス粒子の発見以降，実際に観測されたヒッグス粒子の質量と，理論的に予想されたヒッグス粒子の質量のちがいが整理されました。その結果をもとに，真空のエネルギーを計算すると，現在の真空は最もエネルギーが低い状態ではない可能性がでてきました。つまり，現在の真空は偽の真空であり，さらにエネルギーの低い真の真空が存在するかもしれないというのです。

　これは，偽の真空が，よりエネルギーの低い真の真空へ相転移する可能性があることを意味します。このような真空の相転移が，真空崩壊なのです。

水が高い場所から低い場所に自然と流れていくように，この世界では，あらゆる物質はエネルギーの最も低い状態を好むハリ。

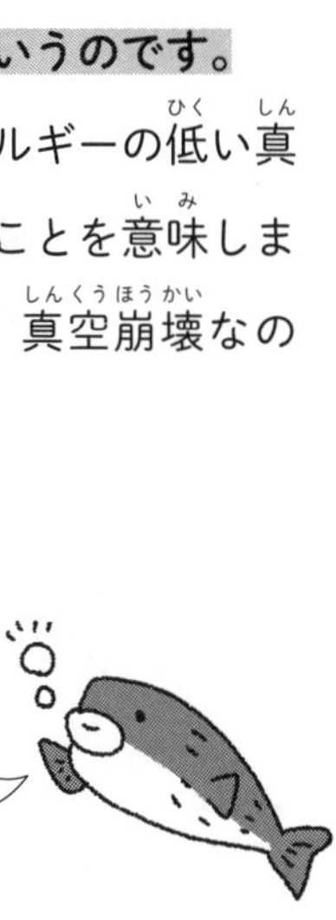

3 現在の真空と真の真空

現在の真空（偽の真空）と，真の真空をえがきました。真の真空の方が，エネルギーが低く，安定な状態です。二つの真空の間には，高いエネルギーの山があります。

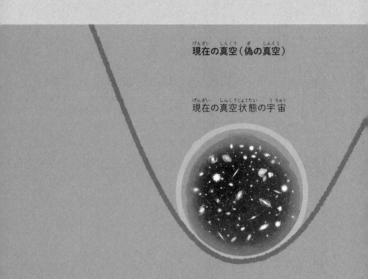

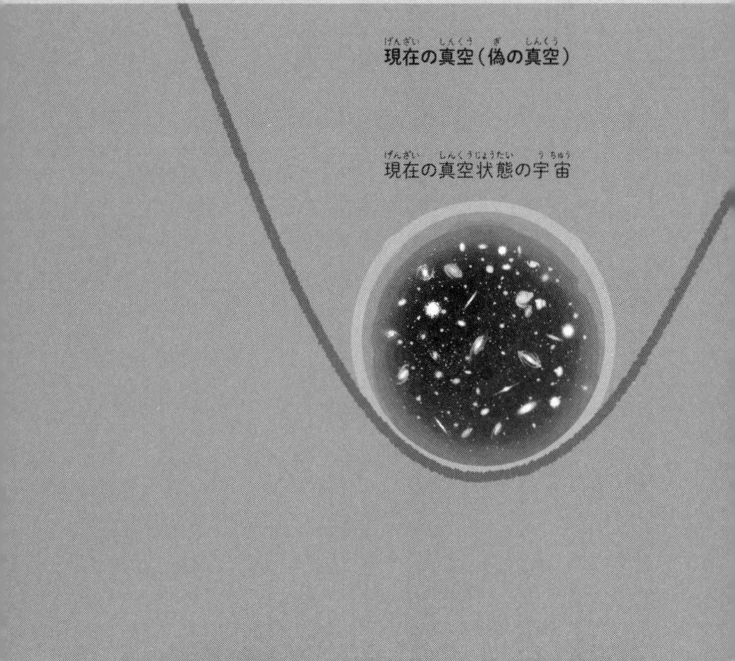
現在の真空（偽の真空）
現在の真空状態の宇宙

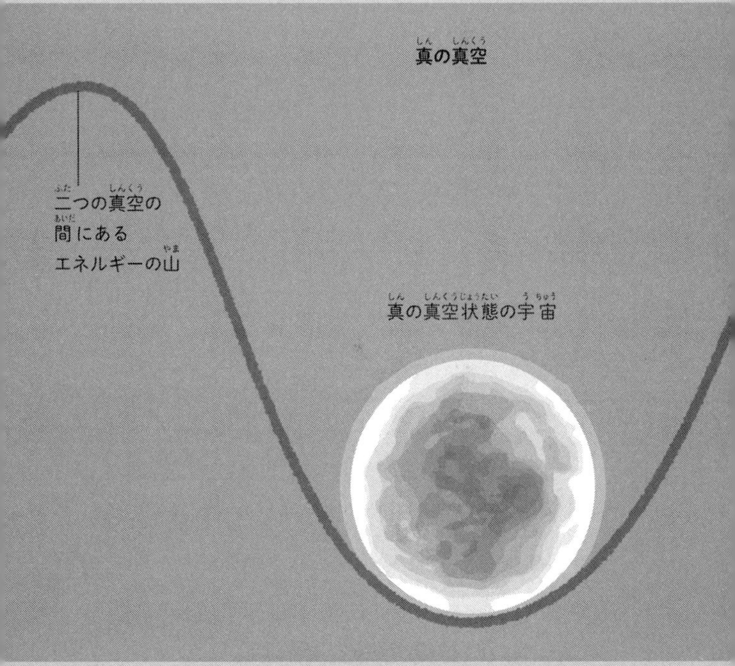
真の真空
二つの真空の
間にある
エネルギーの山
真の真空状態の宇宙

博士！教えて!!

なんで真空にするんですか？

博士，真空パックで売っている食べ物がありますけど，なんでわざわざ真空にするんですか？

ふぉっふぉっふぉ。食品を長もちさせるためじゃよ。食べ物が腐るのは，微生物が繁殖するからじゃ。真空にすると，微生物の繁殖をおさえられるんじゃ。

へぇ～。

食品を冷蔵庫で冷やしておくのも，乾燥させたり塩漬けにしたりするのも，微生物の繁殖をおさえて，長もちさせるためなんじゃ。

そうだったのかぁ。

うむ。フリーズドライというのもあるぞ。食品を凍らせてから真空にして，水分を蒸発させるんじゃ。熱を加えて乾燥させるよりも，品質が落ちにくいんじゃ。

へぇ～。真空って，すごいですね。

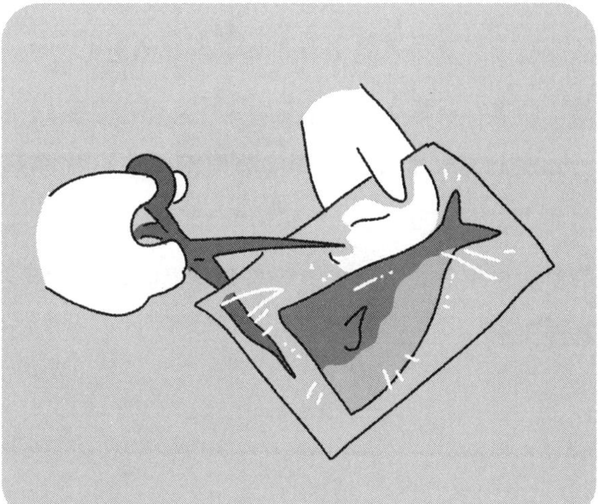

4 トンネル効果が，真空崩壊を引きおこす

エネルギーの山を，直接こえられなくてもおきる

真空崩壊によって，偽の真空から真の真空に状態が変化するには，二つの真空の間にあるエネルギーの山をこえるエネルギーが必要です。そのため，エネルギーの山が十分に高いのであれば，たとえ真の真空の状態が存在するとしても，真空崩壊がおきることはないようにみえます。

しかし，エネルギーの山を直接こえられなくても，量子論のトンネル効果によって，真空崩壊がおきてしまう可能性があるといいます（右のイラスト）。

4 トンネル効果

トンネル効果のイメージをえがきました。ミクロな世界では，粒子がエネルギーの山をこえるだけのエネルギーをもっていなくても，あたかもトンネルを通ったかのように，山の先に移動することがあります。

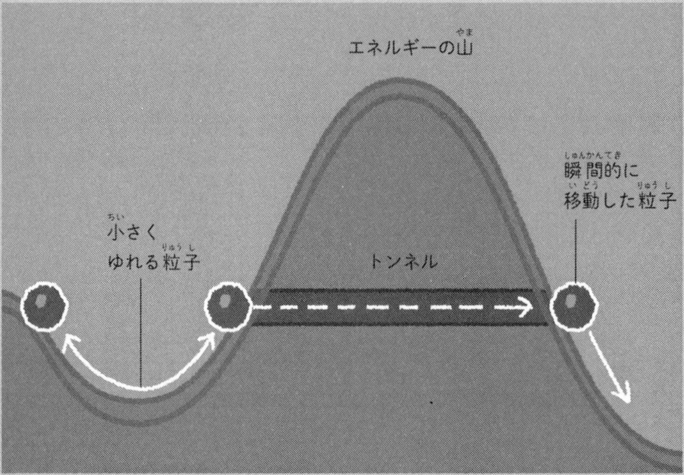
エネルギーの山
瞬間的に
移動した粒子
小さく
ゆれる粒子
トンネル

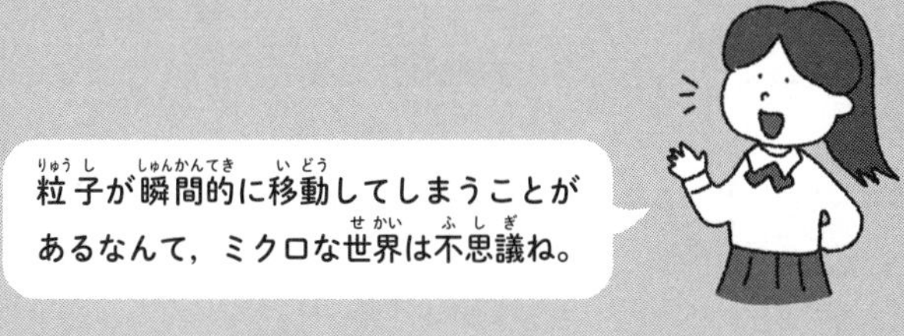
粒子が瞬間的に移動してしまうことがあるなんて，ミクロな世界は不思議ね。

真の真空の泡が小さすぎる場合，消滅する

しかし一方で，トンネル効果によって真空崩壊がおきても，真の真空の泡がすぐに消滅する可能性もあるといいます。

真の真空の泡が発生すると，その領域はエネルギーが低い状態になるものの，周囲の真空との境界は非常に高いエネルギーをもつようになります。このとき真の真空の泡が小さすぎると，真の真空の泡を保つよりも，もとの真空にもどった方が，全体としてはエネルギーが小さくなります。そのため，真の真空の泡が小さすぎる場合は，真の真空の泡が消滅してしまいます。

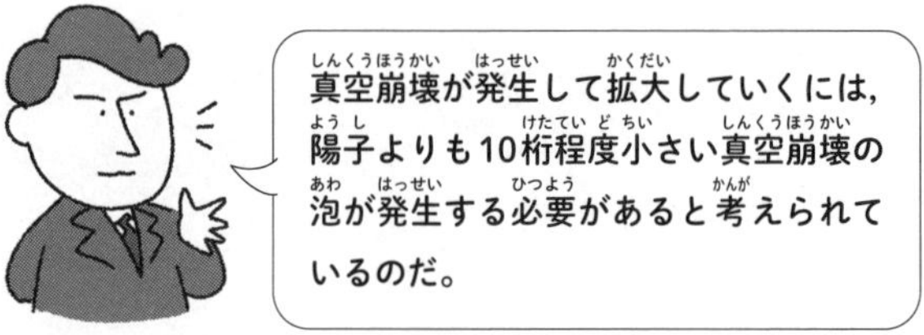

真空崩壊が発生して拡大していくには，陽子よりも10桁程度小さい真空崩壊の泡が発生する必要があると考えられているのだ。

5 真の真空の泡が，加速しながら膨張していく

どのような物理法則か，予想がつかない

　トンネル効果によって真空崩壊がおきると，真の真空の泡は加速しながら膨張して，最終的にはほぼ光速で広がっていくと考えられています。宇宙のどこかで真空崩壊が発生した場合，どのような現象が観測されるのでしょうか。

　真空崩壊した領域がどのような物理法則にしたがうのか，現段階では予想がついていません。少なくとも今の宇宙とは，まったくことなる物理法則にしたがうと考えられています。

境界が，光輝く可能性がある

真空崩壊した領域と，真空崩壊していない領域の境界は，非常に高いエネルギーをもつと考えられています。そのため二つの領域の境界では，宇宙空間に存在するガスやちりなどの細かい粒子が，高いエネルギーをもった壁にはじかれて，光輝く可能性があるといいます。

光速で拡大する光輝く領域が観測された場合，

5 膨張する真の真空の泡

膨張する真の真空の泡のイメージをえがきました。イラストでは，真の真空の泡を，2次元の円で表現しています。真空崩壊した領域と真空崩壊していない領域の境界は，エネルギーが非常に高くなります。

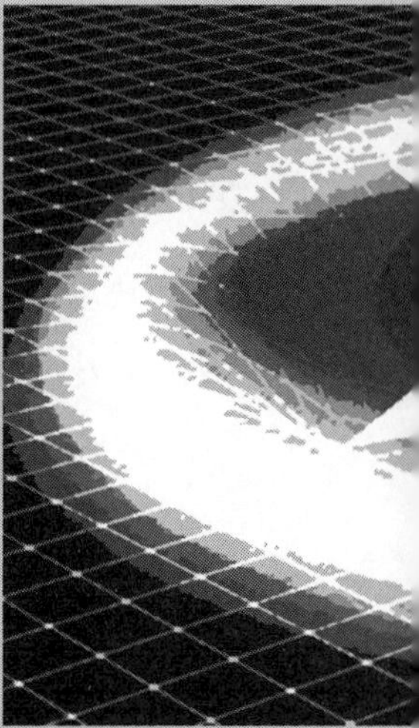

もしかしたら，それは真空崩壊した領域なのかもしれません。ただ，その領域に私たちが気づいた直後に，私たち自身が飲みこまれてしまいます。

素粒子物理学の基本的な理論（標準理論）をもとに計算すると，観測できる範囲の宇宙で真空崩壊が発生し，その後，宇宙が飲みこまれてしまう確率は10^{554}億年に1度程度なんだそうだハリ。

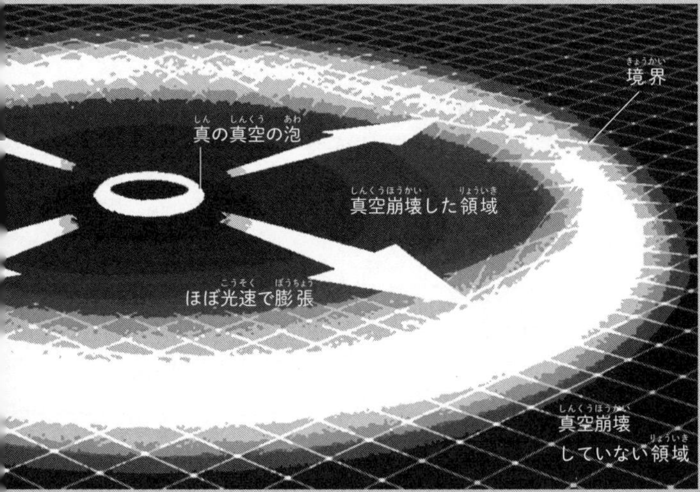
境界
真の真空の泡
真空崩壊した領域
ほぼ光速で膨張
真空崩壊
していない領域

6 真空崩壊の種？ 極小のブラックホール

ゆがんだ空間が，発生させやすくする

真空崩壊が発生する確率は，ブラックホールの周辺で上昇するといいます。ブラックホールの周辺の空間はブラックホールの巨大な質量で大きくゆがんでおり，そのゆがんだ空間が，真の真空の泡を発生させやすくすると考えられているためです。なかでも「原始ブラックホール」とよばれる極小のブラックホールは，真空崩壊の「種」になると考えられています。

6 ブラックホールと真空崩壊

原始ブラックホールを中心に，真空崩壊が拡大しているイメージをえがきました。原始ブラックホールの大きさは，誇張してえがいています。

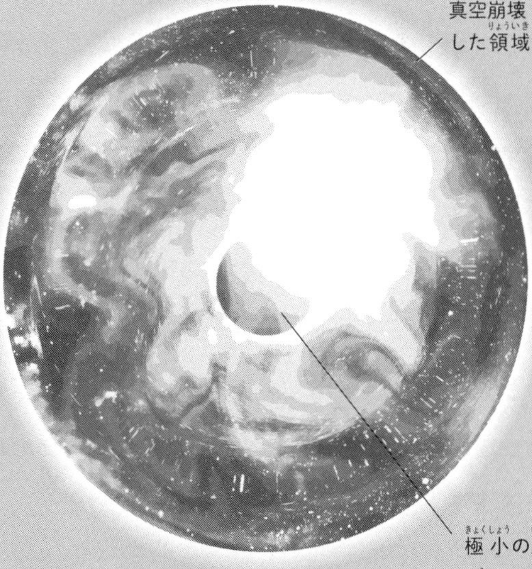
真空崩壊した領域
極小の原始ブラックホール

中心の原始ブラックホールがどうなるのかは，よくわかっていない。

ブラックホールの蒸発よりも早く広がる

原始ブラックホールは,「ホーキング放射」とよばれる熱の放射によって徐々に小さくなり，最期には蒸発すると考えられているブラックホールです。最近の研究によると，原始ブラックホールを核として，原始ブラックホールと中心が一致する真の真空の泡が生じた場合，原始ブラックホールが蒸発するよりも早く，真の真空の泡が宇宙に広がる可能性があるといいます。

ただ，原始ブラックホールがほんとうに存在するのかどうかはわかっていません。そのため原始ブラックホールを核とする真空崩壊が，どれぐらいの確率でおきるのかも，わかっていません。

memo

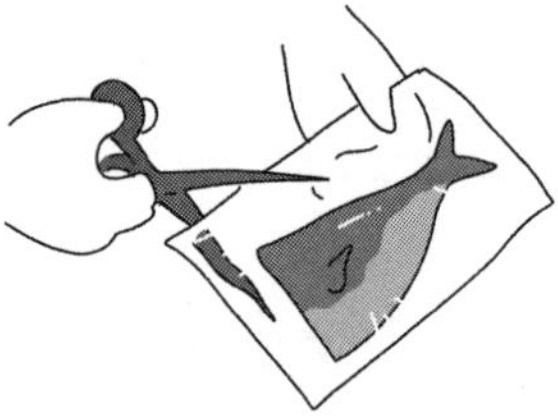

第5章

宇宙の終わりの研究

ここまで，宇宙の終わりのさまざまなシナリオを紹介してきました。実際の宇宙の終わりがどのようなものになるのか，今後の研究で明らかにされることが期待されます。第5章では，宇宙の終わりの研究についてみていきましょう。

1 陽子崩壊を検出したい！ハイパーカミオカンデ

陽子崩壊を検出するための，巨大実験装置

72～75ページでは，安定な粒子である「陽子」も，長い年月が経てば崩壊してしまうと予測されていることを紹介しました。

陽子崩壊がおきるのかどうかによって，ブラックホール以外の天体が遠い未来に消えてなくなるのかどうかが変わってきます。この陽子崩壊を検出するための巨大実験装置が，岐阜県神岡鉱山の地下につくられた「カミオカンデ」や「スーパーカミオカンデ」です。

実験を20年間つづければ，検出できるはず

　カミオカンデは，4500トンの水を巨大水槽に蓄えて，水分子に含まれる陽子が崩壊するときに出る光をとらえる実験を，1983年から行いました。1996年からは，水の量を5万トンにふやしたスーパーカミオカンデに実験が引きつがれ，現在もつづけられています。しかし，陽子崩壊が検出されたことは，まだ一度もありません。

　そこで現在は，水の量を26万トンまでふやす「ハイパーカミオカンデ」計画が進行中です。陽子の寿命が10^{35}年より短い場合，ハイパーカミオカンデで実験を20年間つづければ，陽子崩壊を検出できるはずだといいます。

1 ハイパーカミオカンデ

スーパーカミオカンデ（左）と，ハイパーカミオカンデ（右）をえがきました。イラストは，壁の一部を切りとって，内部が見えるようにしています。水が円筒状の巨大水槽に蓄えられており，陽子崩壊を検出するセンサーが水槽内の上下の面と側面にすき間なく設置されています。

スーパーカミオカンデ

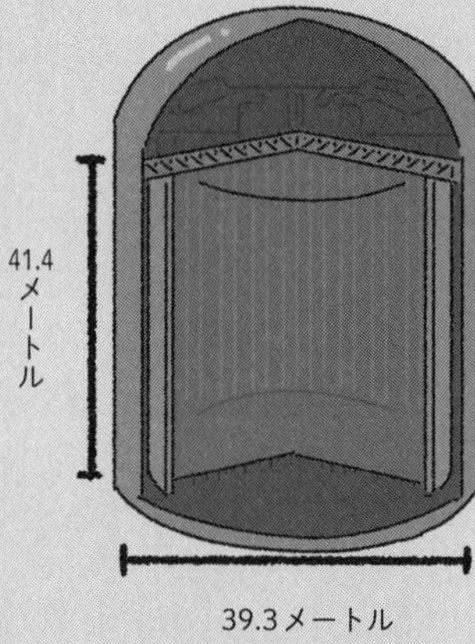
41.4メートル
39.3メートル

スーパーカミオカンデは，過去に宇宙線（宇宙を飛びかう放射線）由来のニュートリノの観測によって，ノーベル賞の受賞にも貢献したんだって。

ハイパーカミオカンデ

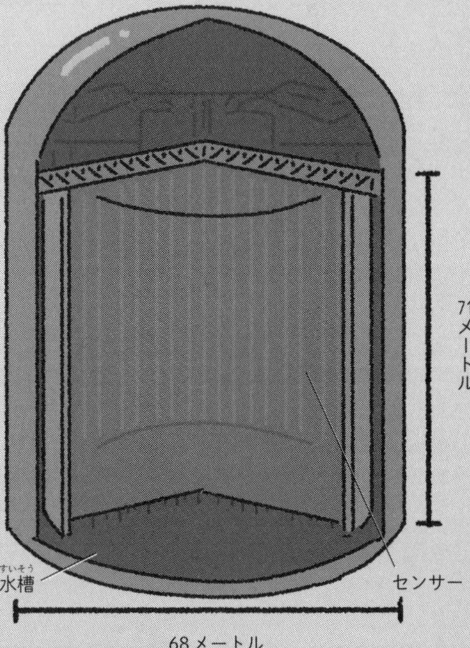
71メートル
水槽
センサー
68メートル

カミオカンデの「ンデ」

「カミオカンデ」に「スーパーカミオカンデ」，そして「ハイパーカミオカンデ」。いずれも陽子崩壊を検出するための，巨大実験装置の名前です。カミオカンデという名前の「カミオカ」は，なんとなくわかります。では，カミオカンデの「ンデ」とは，何なのでしょうか。

カミオカンデは1983年に，岐阜県神岡町の神岡鉱山につくられました。カミオカンデの「カミオカ」は，神岡という地名に由来します。一方カミオカンデの「ンデ」は，英語で「核子崩壊実験」という意味の，「Nuclear Decay Experiment」に由来します。つまり「ンデ」は，Nuclear Decay Experimentを略した「NDE」なのです。

カミオカンデを英語で表記すると，「Kamioka

Nuclear Decay Experiment」となります。これを略すと「Kamioka NDE」となります。そしてこれをローマ字読みしたものが，日本語の「カミオカンデ」なのです。

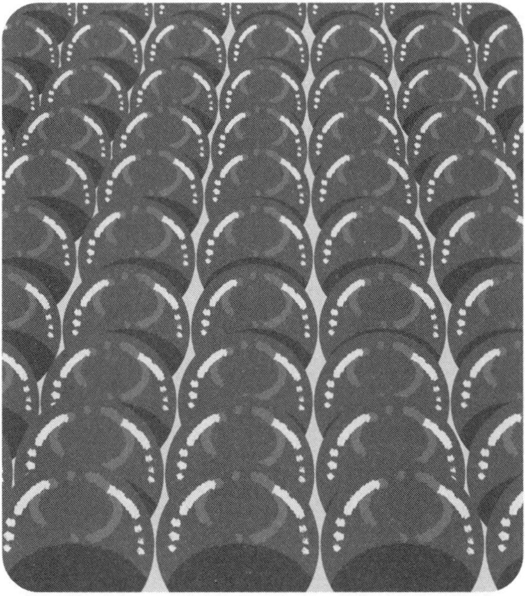

スーパーカミオカンデの水槽内に設置されている，陽子崩壊を検出するセンサーのイメージをえがきました。スーパーカミオカンデには，約1万3000個のセンサーが設置されています。

2 超新星爆発を観測して，宇宙の膨張の歴史を調べる

超新星爆発がおきた銀河までの距離がわかる

第3章で紹介したように，ダークエネルギーがどのような性質をもっているのかによって，宇宙の未来は左右されます。ダークエネルギーの密度が，時間の経過とともに変化するのかどうかは，過去の宇宙がどのように膨張してきたのかを調べればわかります。

宇宙の膨張の歴史を調べるために行われている観測は，主に三つあります。第1の観測は，「Ia 型超新星爆発」の観測です。Ia 型超新星爆発は，放つ光の強さを，見かけの明るさの変化のしかたから推定できることがわかっています。つまり，Ia 型超新星爆発の見かけの明るさとその時間変化を観測すれば，その超新星爆発がお

2 Ia 型超新星爆発

Ia 型超新星爆発をえがきました。近くの恒星（伴星）から白色矮星にガスが流れこみ，白色矮星の重さが限界に達すると，白色矮星で暴走的に核融合反応がおき，白色矮星全体が吹き飛ぶ大爆発がおきます。これが，Ia 型超新星爆発です。

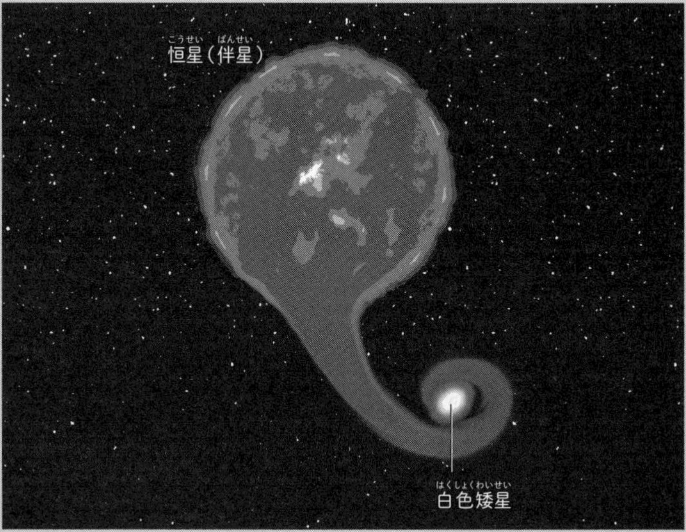
恒星（伴星）
白色矮星

Ia 型超新星爆発が放つ光の強さは，暗くなる速さから推定できるので，これが観測のカギとなるハリ。

きた銀河までの距離がわかります。

宇宙がどれだけ膨張したかがわかる

ほかの銀河からくる光は，宇宙の膨張によって波長が引きのばされて，赤色側にずれます。この現象を，「赤方偏移」といいます。赤方偏移を測定すれば，光が地球に届くまでの間に，宇宙がどれだけ膨張したかがわかります。つまり，Ⅰa 型超新星爆発が出現した銀河をたくさんみつけて，銀河までの距離と，赤方偏移を測定すれば，宇宙の膨張が時間とともにどう変化してきたのかがわかるのです。

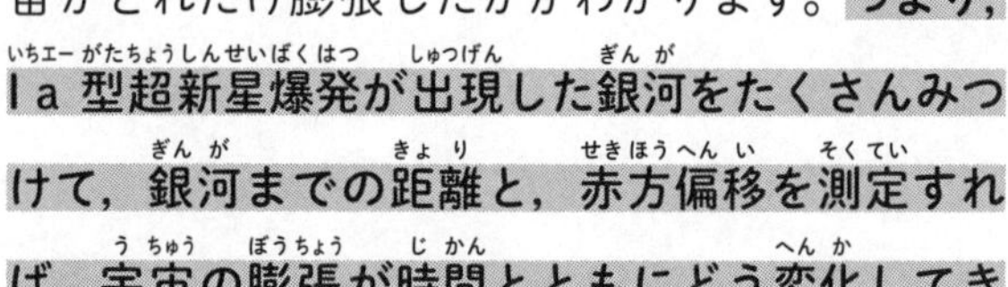
1998年に，宇宙が加速膨張していることをはじめて明らかにしたのも，このⅠa 型超新星爆発の観測による方法なのだ。

3 宇宙の膨張の歴史の調査に，銀河の分布を利用

初期宇宙の密度のムラが，波として広がった

宇宙の膨張の歴史を調べるための第2の観測は，「バリオン音響振動」の観測です。

誕生から数分後の宇宙は，超高温かつ超高密度の状態で，光と電子，原子核などがまざり合った状態にあったと考えられています。このとき，領域によってわずかな密度のムラがありました。池に石を投げ入れると波紋が広がるように，この初期宇宙の密度のムラは，波打ちながら広がったと考えられています。この現象が，バリオン音響振動です。

半径約5億光年に相当する，波紋のような構造

初期宇宙の密度のムラは，現在の銀河の分布にかたよりをもたらしたと考えられています。

統計的な解析を行うと，銀河がわずかに多く集まっている領域が，半径約5億光年に相当する波紋のような構造としてあらわれるといいます。この構造を，宇宙の「ものさし」として使うことができます。地球から見たものさしの見かけの長さをもとに，そのものさしの地球からの距離が見積もれるのです。

こうして調べた距離と，赤方偏移の観測をあわせることで，ダークエネルギーの密度がどう変化してきたのかを知ることができるのです。

3 銀河の分布の波紋

銀河の分布の波紋のイメージです。波紋は，実際に目で見ただけではわかりません。統計的な解析を行うと，半径約5億光年に相当する波紋があらわれます。

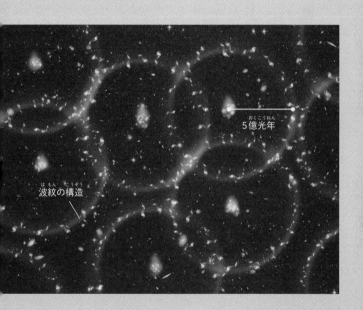

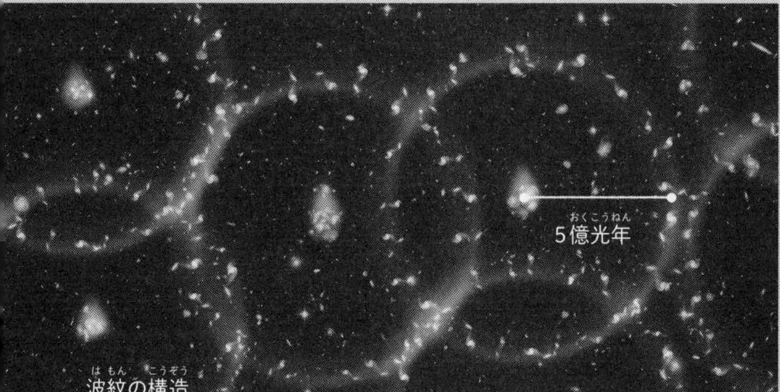
5億光年
波紋の構造

半径約5億光年に相当する波紋が，地球からどれぐらいの半径に見えるかによって，地球から波紋までの距離がわかるのだ。

4 銀河の像のゆがみも，宇宙の膨張の歴史の手がかり

重力によって，遠くの天体からの光が曲げられる

宇宙の膨張の歴史を調べるための第3の観測は，「弱い重力レンズ効果」の観測です。

地球と遠くの天体との間に質量の大きい天体がある場合，質量の大きい天体の重力によって，遠くの天体からの光が曲げられます。すると，遠くの天体の像がゆがんで見えたり，いくつにも分かれて見えたりすることがあります。この現象が，重力レンズ効果です。

4 重力レンズ効果

「Abell 370」という銀河団をとらえた画像です。数百個の銀河の中に，円弧状の線がたくさん写っています。これらの線は，はるか遠くにある銀河の像が，銀河団の重力でゆがめられたものです。

銀河団の質量を知ることができる

天の川銀河ぐらいの大きさの銀河が数十〜数百個集まってできた「銀河団」は，「弱い重力レンズ効果」をおこします。銀河団の向こう側にある銀河を地球から見ると，銀河の形がわずかにゆがんで見えます。

像がゆがんだ銀河を数多く観測して，ゆがみぐあいを調べると，重力レンズ効果をおこしている銀河団の質量を知ることができます。この方法でさまざまな距離にある銀河団の質量を調べれば，宇宙誕生から現在までの間に，どのように銀河団が成長してきたのかがわかります。そしてその成長のしかたは，時代ごとの宇宙の膨張のしかたによって変わるため，宇宙の膨張の歴史がわかるのです。

5 無数の銀河を観測中！日本のすばる望遠鏡

「大規模サーベイ観測」が，進められている

　宇宙の膨張の歴史を調べる三つの観測は，どの観測でも，さまざまな距離にある銀河を大量に撮影して，それぞれの銀河が放つ光の波長をくわしく調べる必要があります。そこで，広い範囲を一度に撮影できる望遠鏡や，何千個もの銀河が放つ光を一度に調べることができる観測装置を使った，「大規模サーベイ観測」が世界各国で進められています。

　そんな観測プロジェクトの一つが，アメリカのハワイにある日本の「すばる望遠鏡」を使った，「SuMIRe（Subaru Measurement of Images and Redshifts）プロジェクト」です。

ダークエネルギーの密度は，時代によらず一定か

SuMIReプロジェクトは，すばる望遠鏡に搭載されている超広視野で超高感度のカメラ「ハイパー・シュプリーム・カム（HSC）」を使って10億個以上の銀河を撮影し，さらに「PFS」という新開発の多天体分光器を使うことで，100万個以上の銀河の赤方偏移を精密に測定しようという試みです。

これまでの観測結果によると，ダークエネルギーの密度は時代によらず一定であるという単純なモデルが，観測結果に最もよく合っているようにみえるといいます。

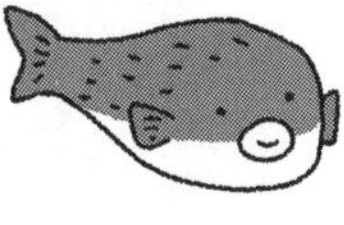

すばる望遠鏡の主鏡（光を集める鏡）は，口径が8.2メートルもあるんだハリ。

5 すばる望遠鏡

ハワイのマウナケア山山頂にある，すばる望遠鏡（左）とケック望遠鏡（右）をえがきました。標高4200メートルのマウナケア山山頂は，天候が安定しており，空気も澄んでいることから，天体観測に適しています。

6 未知の粒子の発見で，宇宙の終わりも変わる

現在の宇宙の膨張率「ルメートル・ハッブル定数」

　ダークエネルギーの密度と同じく，宇宙の未来にかかわる値として近年注目されているのが，「ルメートル・ハッブルパラメータ」です。ルメートル・ハッブルパラメータとは，簡単にいうと，銀河が遠ざかる速度から求められた，宇宙の膨張率に相当する値のことです。ルメートル・ハッブルパラメータのうち，現在の宇宙の膨張率のことを「ルメートル・ハッブル定数」といいます。大規模サーベイ観測から得られたルメートル・ハッブル定数は，約73でした。これは，「銀河までの距離が326万光年遠くなるごとに，銀河が遠ざかる速さが秒速73キロメートルずつ増す」という意味です。

6 二つの数値の不一致

大規模サーベイ観測から得られたルメートル・ハッブル定数は約73，宇宙背景放射の観測から見積もられたルメートル・ハッブル定数は約67でした。二つの数値が一致しないことから，宇宙モデルか観測方法に，まちがいのある可能性があると考えられています。

73
67

宇宙モデルに，まちがいがあるのか

ルメートル・ハッブル定数は，宇宙背景放射を精密に観測することでも，求めることができます。宇宙背景放射観測衛星「プランク」の観測から見積もられたルメートル・ハッブル定数は，約67でした。

ことなる観測から得られたルメートル・ハッブル定数の不一致は，宇宙モデルか観測方法に，何らかのまちがいがあることを示しているのかもしれないといいます。たとえばもし，未知の粒子が発見されれば，67という値は変わる可能性があるといいます。その場合は，宇宙の終わりのシナリオもまた，変わると考えられています。

memo

さくいん

A～Z, 数字

SuMIRe プロジェクト……185, 186
Ⅰa 型超新星爆発……176～178

あ

天の川銀河……27～29, 48, 49, 184
アレキサンダー・ビレンキン……112, 114
アンドロメダ銀河……29, 48

い

インフレーション…14, 16, 17

う

宇宙定数……100
宇宙背景放射……83, 84, 121, 122, 189, 190

え

エキピロティック宇宙論……128～130
エドウィン・ハッブル……53

か

カール・シュバルツシルト……92, 93
角運動量……80
核融合反応……26, 30, 33, 38, 39, 41, 57, 58, 88, 110, 177
カミオカンデ……170, 171, 174, 175

き

偽の真空……146, 153, 154, 158
局所銀河群……48
銀河群……48～52
銀河団……49～52, 70, 136, 138, 183, 184

く

クォーク……73

け

原始ブラックホール……164～166

こ

光子…75, 109, 111, 149～151

さ

サイクリック宇宙論……124, 126, 129, 130

し

死の星……26
シュバルツシルト解……92
蒸発……32, 82, 85, 87, 106, 109, 110, 157, 166

ジョルジュ・ルメートル…53
ジョン・ホイーラー…80
真空…148～158, 160
真空のエネルギー…149～151, 153
真空崩壊…145～148, 150, 153, 158, 160～166
真の真空…146, 153～155, 158
真の真空の泡…146, 147, 160～164, 166

す

スーパーカミオカンデ…170～175
スブラマニヤン・チャンドラセカール…11, 44, 45

せ

赤色巨星…30, 33, 34, 40, 41
赤色矮星…59～61
赤方偏移…178, 180, 186
漸近巨星分枝星…34, 36

そ

相転移…152, 153
素粒子…21, 73, 75, 85, 86, 106～112, 114, 128, 148, 150, 152

た

ダークエネルギー（暗黒エネルギー）…96～103, 116, 118, 120, 121, 123, 134, 139, 142, 146, 176, 180, 186, 188
ダークマター（暗黒物質）…109, 110, 116, 142
大規模サーベイ観測…185, 188, 189
大統一理論…73, 88

ち

チャンドラセカール限界…11, 45
中性子…40, 72～74, 76, 77
中性子星…40, 41, 62, 63, 65, 76, 90
超銀河団…49
超新星爆発…40, 56, 57, 63, 65, 70, 80, 98, 176
超ひも理論（超弦理論）…128

つ

強い力…73

て

鉄の星…88～90
電荷…80

電子……16, 72, 74, 75, 82, 86, 109, 111, 141, 179
電磁気力……73
電磁波……86, 109, 149

と

特異点……125
トンネル効果……112, 113, 158 〜 161

に

ニュートリノ……109, 110, 150, 173

ね

熱放射……82, 84

は

ハイパーカミオカンデ……170 〜 174
白色矮星……36 〜 38, 41, 44, 45, 62, 177
はね返り（ビッグバウンス）……124
バリオン音響振動……179

ひ

ビッグウィンパー……108
ビッグクランチ……122 〜 128, 131
ヒッグス粒子……152, 153
ビッグバン……14 〜 16, 84, 107, 119, 124, 126 〜 129, 131, 135
ビッグフリーズ……107, 108, 111 〜 113
ビッグリップ……139

ふ

ファントムエネルギー……134
ブラックホール……21, 40, 41, 62 〜 70, 76, 77, 80 〜 87, 90, 92, 106, 109, 110, 118 〜 120, 122, 123, 164 〜 166, 170
プランク……116, 117, 190
フリーマン・ダイソン……90
ブレーン……128 〜 131
分子雲……57

ほ

ホーキング温度……82
ホーキング放射……166

ま

マイケル・ターナー……142, 143

よ

陽子……16, 72 〜 77, 79, 106, 160, 170, 171
陽電子……75, 109 〜 111

弱い力……73
弱い重力レンズ効果……182, 184

り

量子重力理論……125, 128
量子論……113, 125, 158

る

ルメートル・ハッブル定数……188 ～ 190
ルメートル・ハッブルパラメータ……188

わ

惑星状星雲……36 ～ 38, 41, 56, 57

memo

主な内容

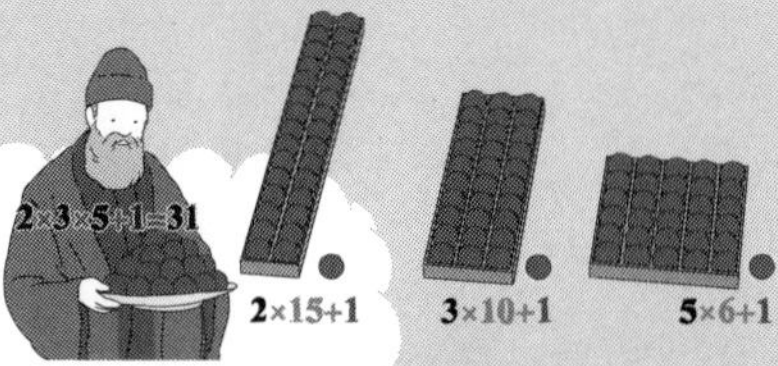
2×3×5+1=31
2×15+1
3×10+1
5×6+1

素数の世界

素数は，無限に存在する！

みつかっている最大の素数はいくつ？

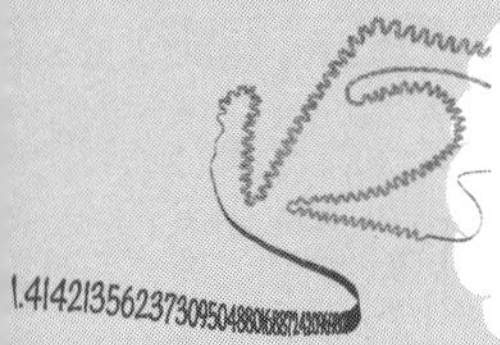
1.414213562373095048

ルートと無理数

数には，有理数と無理数がある

π はつづくよ　どこまでも

無限につづく数式

無限の足し算をしても，答は無限とは限らない

分数の無限の足し算で，π があらわれる！

$$e^{i\pi}+1=0$$

オイラーの等式

世界一美しい数式「$e^{i\pi}+1=0$」

オイラーの公式から，オイラーの等式へ

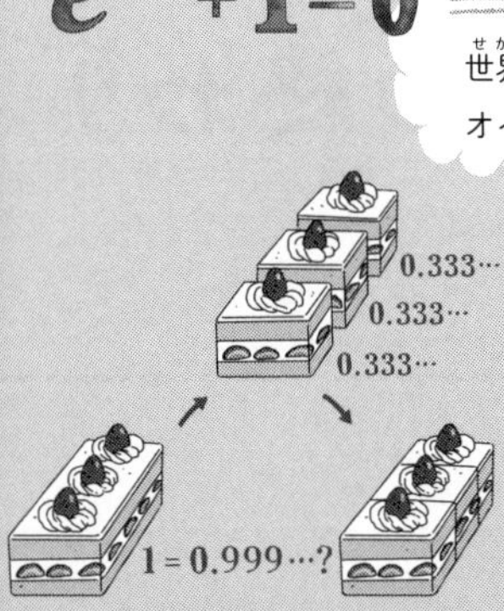
0.333…
0.333…
0.333…
1＝0.999…？

Staff

Editorial Management　中村真哉
Editorial Staff　道地恵介
Cover Design　岩本陽一
Design Format　村岡志津加（Studio Zucca）

Photograph

181　Zosia Rostomian, Lawrence Berkeley National Laboratory
183　NASA, ESA, and J. Lotz and the HFF Team（STScI）

Illustration

表紙カバー　羽田野乃花さんのイラストを元に佐藤蘭名が作成
表紙　羽田野乃花さんのイラストを元に佐藤蘭名が作成
11　羽田野乃花
16～17　加藤愛一さんのイラストを元に羽田野乃花が作成
20～93　羽田野乃花
97　飛田 敏さんのイラストを元に羽田野乃花が作成
101～107　羽田野乃花
111　吉原成行さんのイラストを元に羽田野乃花が作成
113～119　羽田野乃花
123～127　飛田 敏さんのイラストを元に羽田野乃花が作成
130～147　羽田野乃花
151　小林 稔さんのイラストを元に羽田野乃花が作成
154～177　羽田野乃花
187～189　羽田野乃花

監修（敬称略）：
横山順一（東京大学国際高等研究所カブリ数物連携宇宙研究機構長・大学院理学系研究科附属ビッグバン宇宙国際研究センター長）

本書は主に，Newton 2020年2月号特集『宇宙の終わり』とNewton 2018年3月号特集『真空崩壊』の記事を大幅に加筆・再編集したものです。

ニュートン超図解新書
最強に面白い　宇宙の終わり

2024年8月5日発行

発行人　松田洋太郎
編集人　中村真哉
発行所　株式会社 ニュートンプレス　〒112-0012 東京都文京区大塚3-11-6
https://www.newtonpress.co.jp/
電話 03-5940-2451

ISBN978-4-315-52832-9